Leitfäden der angewandten Informatik

A. Brüggemann-Klein
Einführung in die
Dokumentenverarbeitung

A. Brüggemann-Klein
Einführung in die
Dokumentenverarbeitung

Leitfäden der angewandten Informatik

Unter beratender Mitwirkung von

Prof Dr. Hans-Jürgen Appelrath, Oldenburg
Dr. Hans-Werner Hein, St. Augustin
Prof. Dr. Rolf Pfeifer, Zürich
Dr. Johannes Retti, Wien
Prof. Dr. Michael M. Richter, Kaiserslautern

Herausgegeben von

Prof. Dr. Lutz Richter, Zürich
Prof. Dr. Wolffried Stucky, Karlsruhe

Die Bände dieser Reihe sind allen Methoden und Ergebnissen der Informatik gewidmet, die für die praktische Anwendung von Bedeutung sind. Besonderer Wert wird dabei auf die Darstellung dieser Methoden und Ergebnisse in einer allgemein verständlichen, dennoch exakten und präzisen Form gelegt. Die Reihe soll einerseits dem Fachmann eines anderen Gebietes, der sich mit Problemen der Datenverarbeitung beschäftigen muß, selbst aber keine Fachinformatik-Ausbildung besitzt, das für seine Praxis relevante Informatikwissen vermitteln; andererseits soll dem Informatiker, der auf einem dieser Anwendungsgebiete tätig werden will, ein Überblick über die Anwendungen der Informatikmethoden in diesem Gebiet gegeben werden. Für Praktiker, wie Programmierer, Systemanalytiker, Organisatoren und andere, stellen die Bände Hilfsmittel zur Lösung von Problemen der täglichen Praxis bereit; darüber hinaus sind die Veröffentlichungen zur Weiterbildung gedacht.

Einführung in die Dokumentenverarbeitung

Von Dr. rer. nat. Anne Brüggemann-Klein
Universität Freiburg

Mit zahlreichen Abbildungen

B. G. Teubner Stuttgart 1989

Dr. rer. nat. Anne Brüggemann-Klein

Geboren 1956 in Gelsenkirchen. Von 1974 bis 1981 Studium der Fächer Mathematik und Latein in Münster. 1981 Staatsexamen. Von 1981 bis 1985 wiss. Mitarbeiterin am Institut für Mathematische Logik und Grundlagenforschung der Universität Münster. 1985 Promotion in mathematischer Logik bei Prof. Dr. D. Rödding in Münster. Von 1985 bis 1987 wiss. Mitarbeiterin am Institut für Angewandte Informatik und Formale Beschreibungsverfahren der Universität Karlsruhe. 1986/87 Visiting Assistant Professor an der University of Waterloo in Kanada. Seit 1987 wiss. Mitarbeiterin am Institut für Informatik der Universität Freiburg.

CIP-Titelaufnahme der Deutschen Bibliothek

Brüggemann-Klein, Anne:
Einführung in die Dokumentenverarbeitung / von Anne Brüggemann-Klein. – Stuttgart : Teubner, 1989
  (Leitfäden der angewandten Informatik)

ISBN 978-3-519-02488-0   ISBN 978-3-322-92749-1 (eBook)
DOI 10.1007/978-3-322-92749-1

Gesamtherstellung: Zechnersche Buchdruckerei GmbH, Speyer
Umschlaggestaltung: M. Koch, Reutlingen

Vorwort

Seit der Erfindung der Schreibmaschine hat keine andere technische Innovation die Welt der Autoren, Setzer und Verlage so nachhaltig verändert wie die computergestützten Textsysteme. Inzwischen ist eine Vielzahl solcher Systeme auf dem Markt, und ihre Verbreitung im privaten Bereich ebenso wie an Hochschulen und in Betrieben nimmt ständig zu. Das Leistungsspektrum reicht vom einfachen *word processor*, der die Schreibmaschine elektronisch simuliert, bis zum programmierbaren Satzsystem, das die professionelle Formatierung ganzer Bücher unterstützt.

Für den Anwender ist dieses Angebot mitunter verwirrend. Eine Ursache liegt darin, daß die eigenen Bedürfnisse oft erst nach längerer Arbeit mit einem unzureichenden System erkannt werden. Dazu kommt, daß die Möglichkeiten, die moderne Textsysteme bieten, sich häufig erst nach einem gründlichen Studium der entsprechenden Handbücher und der einschlägigen produktbezogenen Spezialbücher erschließen, wie sie inzwischen für alle gängigen Systeme erhältlich sind.

Auch wer die technischen Möglichkeiten elektronischer Textverarbeitung kennt, ist dadurch nicht automatisch in den Stand gesetzt, wirklich gute Dokumente produzieren zu können: Die Mittel müssen auch richtig eingesetzt werden. Die stilistische Qualität eines Dokuments mißt sich daran, wie gut es seine Funktion erfüllt, dem Leser die beabsichtigte Information zu vermitteln. Auf das jahrhundertealte Wissen der Setzer und Designer um—in diesem Sinne—gutes Layout können aber die meisten Textsysteme nicht oder nur in sehr beschränktem Maße *automatisch* zurückgreifen, so daß diese Aufgabe beim Benutzer verbleibt.

Ein Ziel des vorliegenden Buches ist es, das Bewußtsein für die Qualität von Dokumenten und Textsystemen zu wecken. Hierzu ist etwas technisches, typographisches und gestalterisches Fachwissen erforderlich, das in diesem Buch vermittelt wird. Wir zeigen, welche Funktionen ein Textsystem bieten sollte, um die Herstellung hochwertiger Dokumente zu ermöglichen, und geben Verfahren zu ihrer Realisierung an. Besondere Bedeutung kommt der Frage zu, wie sich die Aufgaben des Autors bei der Dokumentenverarbeitung vereinfachen lassen. Parallel dazu werden Umfang und Qualität beschrieben, mit der diese Funktionen in den heutigen Systemen realisiert sind. Hieraus ergeben sich Kriterien für die Beurteilung und Auswahl von computergestützten Textsystemen.

Als Referenz wird in diesem Buch das System TeX verwendet, zum Teil zusammen mit dem Makropaket LaTeX. TeX ist das erste Formatiersystem, das den Anforderungen wissenschaftlicher Texte, insbesondere beim Satz mathematischer Formeln, gerecht wird. Es wurde an der Universität Stanford von Donald Knuth entwickelt, einem Mathematiker, Informatiker und—unzufriedenen Autor. TeX ist inzwischen besonders im Hochschulbereich weit verbreitet. Für Großrechner ist TeX umsonst erhältlich, für die meisten Personalcomputer zu einem geringen Preis. Seine Stärken liegen in seiner überragenden Satzqualität und seiner Universalität, deren Ausnutzung jedoch erlernt sein will. Im Verein mit LaTeX bietet es aber auch dem Nichtspezialisten die Möglichkeit, Dokumente in hoher Qualität einfach zu erstellen. Obwohl dieses Buch nicht primär ein Lehrbuch über TeX ist, enthält es ausführliche, mit Beispielen versehene Hinweise darauf, wie die besprochenen Funktionen bei der

Textverarbeitung in TeX realisiert sind.

Dieses Buch entstand aus Vorlesungen der Autorin über Textverarbeitung und kann als Skriptum verwendet werden. Es setzt jedoch keine Informatik-Fachkenntnisse voraus und wendet sich damit an jeden, der sich für die computergestützte Dokumentenverarbeitung interessiert.

Peter Dolland, Gerald Peuser und Bella Schnurr haben Teile dieses Buches gelesen. Ihre Kommentare und Verbesserungsvorschläge haben mir sehr geholfen. Ursula Schmidt hat mit großer Sorgfalt die endgültige Fassung korrekturgelesen. Durch ihre Arbeit wurden neben den unvermeidlichen Druckfehlern auch einige stilistische Inkonsistenzen ausgeräumt. Rolf Klein hat nicht nur die erste Version dieses Buches gelesen und inhaltlich mit mir diskutiert; er hat mich auch immer wieder zum Schreiben ermutigt und tatkräftig unterstützt. Ihnen allen gilt mein herzlicher Dank!

Freiburg, im Januar 1989

Anne Brüggemann-Klein

Inhaltsverzeichnis

Kapitel 1

Schriften

1.1 Geschichte und Terminologie

Die Erfindung der Schrift ist ein bedeutender Meilenstein in der kulturellen Entwicklung des Menschen. Sie ermöglicht zum ersten Mal in der Geschichte eine sprachliche Kommunikation über Ort und Zeit hinweg, indem sie der Sprache einen sichtbaren Ausdruck verleiht. Eine **Schrift** oder ein **Alphabet** ist dabei ein System von Zeichen, mit denen sprachliche Elemente graphisch dargestellt, d.h. *geschrieben* werden können. Der geschriebene Text kann dann auch zu einem späteren Zeitpunkt und in Abwesenheit des Schreibers von anderen *gelesen* werden.

In den historisch ersten Schriften entsprach jedes Zeichen der Schrift einem Wort oder einem Begriff der Sprache. Ein solches Zeichen nennt man deshalb ein **Ideogramm**. Heute gibt es nur noch wenige Schriften, die auf Ideogrammen beruhen. Ein Beispiel ist die chinesische Schrift. Auf einer höheren Entwicklungsstufe stehen die Silbenschriften, in denen ein Zeichen der Schrift einer Silbe der Sprache entspricht. Mit den Schriftzeichen wird nun eine bestimmte Aussprache verknüpft, weshalb man ein solches Zeichen auch ein **Phonogramm** nennt. Von den heutigen Schriften be-

Lateinische Schrift

Parturiunt montes, nascitur ridiculus mus.

Griechische Schrift

$\Gamma\nu\tilde{\omega}\theta\iota\ \sigma\alpha\upsilon\tau\acute{o}\nu$!

Kyrillische Schrift

Рабома—нс Ьоек, Ь аес не убепецм.

Abbildung 1.1 *Die lateinische, die griechische und die kyrillische Schrift*

ruht z.B. die japanische Schrift auf dem Silbensystem. Die meisten heute noch gebräuchlichen Schriften, und auch unsere lateinische Schrift, sind jedoch **Buchstabenschriften**. Hier werden die Silben in Vokale und Konsonanten aufgeteilt, und ein Zeichen der Schrift entspricht nun einem Laut der Sprache.. Eine Buchstabenschrift hat den Vorteil, daß sie mit sehr wenigen Zeichen auskommt, um die gesamte Sprache abzubilden. Abbildung 1.1 zeigt drei heute gebräuchliche Buchstabenschriften: die lateinische, die griechische und die kyrillische Schrift.

Die Formen unserer heutigen lateinischen Schrift beruhen in den Kleinbuchstaben auf der karolingischen Minuskel, die ihre Entstehung den Reformbemühungen Karls des Großen verdankt. Karl der Große beauftragte nämlich gegen Ende des achten Jahrhunderts den Gelehrten Alcuin von York, eine Revision der in den Kirchen seines Reiches benutzten Bücher vorzunehmen. Ziel dieser

𝕰𝖉𝖊𝖑 𝖘𝖊𝖎 𝖉𝖊𝖗 𝕸𝖊𝖓𝖘𝖈𝖍,
𝖍𝖎𝖑𝖋𝖗𝖊𝖎𝖈𝖍 𝖚𝖓𝖉 𝖌𝖚𝖙.

Abbildung 1.2 *Ein Beispiel für eine gebrochene Schrift*

Revision waren einheitliche Bibeltexte und eine einheitliche liturgische Gestaltung der Gottesdienste. Im Zuge dieser Reform wurden viele Bücher neu geschrieben, und dazu wurde in Alcuins Abtei St. Martin in Tour eine standardisierte Handschrift entwickelt: die karolingische Minuskel. So bewirkte die Kirchenreform Karls des Großen eine kurzzeitige Vereinheitlichung der verschiedenen regionalen Unzial- und Halbunzialschriften.

Die karolingische Minuskel bildete allerdings ziemlich schnell wieder nationale Eigentümlichkeiten. Deutsche, englische und französische Schreiber wandelten die runden Formen der karolingischen Minuskel in länglich-zugespitzte, eckige Formen um, und es entstand die sogenannte **gotische Schrift**, siehe Abbildung 1.2. Daneben entstanden zahlreiche liegende oder kursive Varianten, die sich der Schreibgeschwindigkeit wegen aus den offiziellen Schriften ergaben.

Im fünfzehnten Jahrhundert, zur Zeit Gutenbergs und der Erfindung des Buchdrucks, waren im kirchlichen Bereich, vor allem in Deutschland, gebrochene gotische Schriften in Gebrauch. Dagegen bildeten sich Künstler und Gelehrte der Renaissance an den klassischen Texten des alten Roms. Diese Texte waren vielfach in karolingischer Handschrift erhalten, und die Schreiber des fünfzehnten Jahrhunderts kopierten oft zusammen mit dem Text auch die

Times

The quick brown fox jumps over the lazy dog.

Helvetica Narrow Italic

The quick brown fox jumps over the lazy dog.

Zapf Chancery

The quick brown fox jumps over the lazy dog.

Abbildung 1.3 *Die Schriftschnitte Times, Helvetica Narrow Italic und Zapf Chancery*

Handschrift. Auf diese Weise wurde, vor allem in Italien, wo die gotische Schrift immer als barbarisch gegolten hatte, die neukarolingische Schrift als vermeintliche Schrift der Antike, die „littera antiqua", zur allgemein anerkannten Schrift für weltliche Manuskripte. So sind auch heute noch die runden lateinischen Schriften im Gegensatz zu den gebrochenen Schriften als Antiqua-Schriften bekannt.

Die einzelnen Zeichen einer Schrift können von vielfältiger optischer Gestalt sein. So erkennen wir z.B. in „a", „*a*", „a" und „*a*" jeweils den Buchstaben *a* der lateinischen Schrift. Eine Menge von visuell aufeinander bezogenen Formen, die einige oder alle Zeichen eines Alphabets repräsentieren, nennen wir einen **Schriftschnitt** oder ebenfalls eine Schrift. Beispiele für Schriftschnitte sind Times, Helvetica Narrow Italic oder Zapf Chancery, siehe Abbildung 1.3.

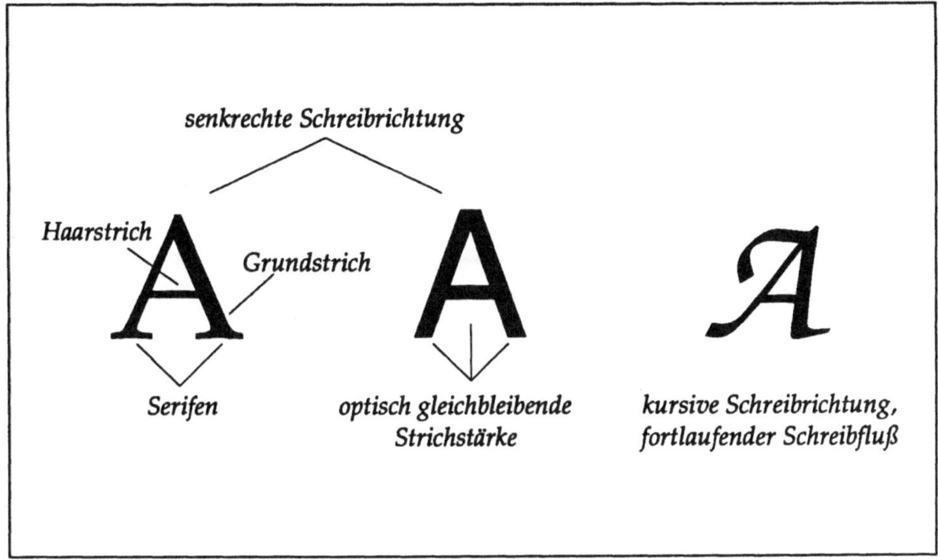

Abbildung 1.4 *Stilistische Attribute in den Schriftschnitten Times, Helvetica und Zapf Chancery*

Ein Schriftschnitt verfügt über visuelle Attribute, die man unterschiedlichen *Stilen* und *Funktionen* zuordnen kann. **Stilistische Attribute** sind z.B. Vorhandensein und Form von Serifen (schmückende Bestandteile von An- und Abstrichen), Schreibrichtung und Schreibfluß der Schrift (geneigt oder senkrecht, fortlaufend oder abgesetzt) oder die Kontraste in der Strichstärke zwischen fetten Grundstrichen und feinen Haarstrichen, siehe Abbildung 1.4.

Die stilistischen Attribute haben großen Einfluß auf den *Charakter* und somit auch auf den Einsatzbereich einer Schrift. Abbildung 1.5 zeigt an Hand von Türschildern die Auswirkungen, die der Charakter einer Schrift auf die Interpretation eines Textes hat. Die drei verwendeten Schriften sind Zapf Chancery, Avant Garde und

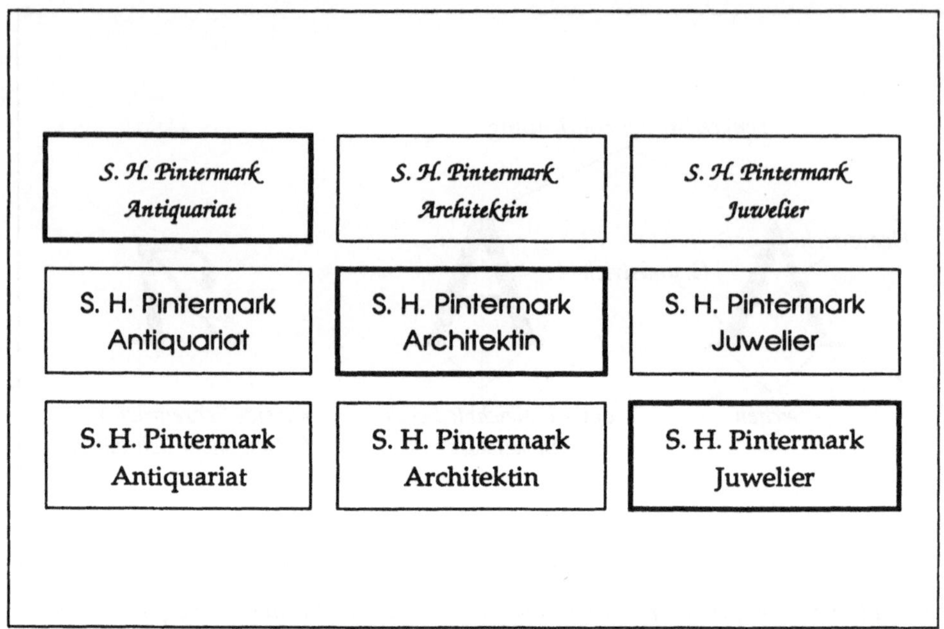

Abbildung 1.5 *Türschilder für zwei Geschäfte und ein Büro, jeweils in drei Schriften gesetzt. Zeile 1: Zapf Chancery; Zeile 2: Avant Garde; Zeile 3: Palatino.*

Palatino. Linotype, eine der bekanntesten Firmen zur Herstellung von Schriften und Setz- und Belichtungsmaschinen, charakterisiert diese Schriften in ihrem Schriftenhandbuch [Lin88]. Danach ist Zapf Chancery eine klassisch-blumige Schrift mit bibliophilem Charakter. Avant Garde dagegen ist geometrisch-klar und vermittelt Zuversicht mit einem Hauch von Individualität. Palatino schließlich verbindet Klarheit mit Eleganz, bewahrt dabei jedoch eine gewisse Gediegenheit.

Wenden wir diese Charakterisierung auf unser Beispiel an, so vermittelt das Türschild eines Antiquariats, in Palatino gesetzt, zwar den Eindruck von Kompetenz und Sachverstand, aber Zapf

Chancery deutet zusätzlich auf die Liebe zu wertvollen alten Büchern hin. Avant Garde dagegen läßt im Zusammenhang mit einem Antiquariat Zweifel an der Echtheit der Antiquitäten aufkommen. Auf dem Türschild einer Architektin erweckt jedoch dieselbe Schrift den Eindruck von Kreativität und Innovationsfreude, während ein Juwelier mit Palatino am ehesten sowohl seine Seriosität als Geschäftsmann als auch die Kostbarkeit seiner Ware unterstreichen kann.

Bei der Fülle von Schriften, die sich im täglichen Gebrauch befinden und deren Zahl in die Hunderte geht, genügt ein wenig objektivierbarer Begriff wie Charakter jedoch nicht, um eine Schrift eindeutig zu kennzeichnen. Abbildung 1.6 greift das Beispiel von den Türschildern wieder auf. Dieses Mal werden jedoch die Schriften Palatino, Bookman und New Century Schoolbook für das Türschild eines Juweliers verwendet, und es fällt nun nicht mehr so leicht, den Charakter dieser Schriften zu unterscheiden. Hier helfen eine Betrachtung der stilistischen Attribute im Detail und die Kenntnis ihrer geschichtlichen Entwicklung weiter. Die DIN-Norm 16 518 bringt dabei Ordnung in die Vielfalt, indem sie Schriften gemäß ihrer stilistischen Attribute klassifiziert. Dieses Thema wird in Abschnitt 1.2 weiter ausgeführt.

In der gesprochenen Rede können Stimmhöhe, Lautstärke und Sprechgeschwindigkeit verändert werden, um die inhaltliche Bedeutung des Gesagten akustisch zu verstärken. In gedruckten Texten werden dagegen die Schriften variiert, um funktionale Aspekte wie Gliederung durch Überschriften, Kommentierung durch Randbemerkungen oder Hervorhebungen von betonten Wörtern und Begriffen optisch zu unterstützen. Diesen Vorgang nennt man auch **Auszeichnen**, und die dazu verwendeten Schriften heißen **Auszeichnungsschriften**. Zur Auszeichnung von Textstücken werden die **funktionalen Attribute** einer Schrift wie **Weite**, **Fette** und

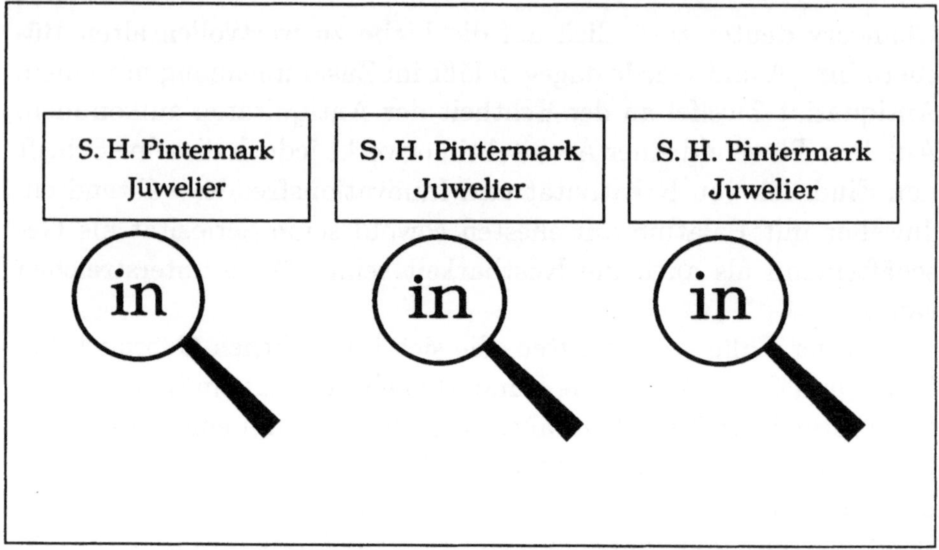

Abbildung 1.6 *Das Türschild eines Juweliers, in den Schriften Palatino, Bookman und New Century Schoolbook gesetzt. Die Detailvergrößerungen zeigen stilistische Unterschiede.*

Schrägstellung variiert.

Die Weite einer Schrift ist bestimmt durch das Verhältnis von Breite zu Höhe in den einzelnen Buchstaben. In einer Schrift von normaler Weite ist dieses Verhältnis bei den Buchstaben H und n ungefähr 4:5. Gebräuchliche qualitative Charakterisierungen der Schriftweite sind z.B. eng, schmal, normal oder breit.

Die Fette einer Schrift ist gegeben durch das Verhältnis von der Stärke der vertikalen Striche zur Schrifthöhe. Ein Wert von 15 % der Schrifthöhe wird hier als normale Strichstärke empfunden. Die Variationen in der Strichstärke beziehen sich hauptsächlich auf die Stärke der *vertikalen* Striche. Querstriche, Serifen und Innenräume wie der weiße Raum zwischen den beiden „Beinen" eines n bleiben im wesentlichen erhalten. Die Fette einer Schrift wird durch

Bezeichnungen wie mager, normal, halbfett oder fett charakterisiert. Fette Schriften werden in der Regel für Überschriften und Schlüsselwörter, z.B. in Lexika, verwendet.

Die Schrägstellung einer Schrift bezieht sich auf den Neigungswinkel der Abstriche gegenüber der Senkrechten. Der Neigungswinkel muß groß genug sein, um mit einer vertikalen Strichführung zu kontrastieren, darf aber auch nicht so groß sein, daß die Buchstaben zu kippen scheinen. Normalerweise beträgt die Schräglage ungefähr 12 Grad.

Weiter oben wurde die Schrägstellung auch als stilistisches Attribut aufgeführt. Dies ist berechtigt für Schriften, die als selbständiger Entwurf, ohne Bezugnahme auf eine vertikale *Normalschrift*, entwickelt wurden, wie z.B. Zapf Chancery und andere Schreibschriften. Kursive Schriften werden jedoch—wegen ihrer schlechten Lesbarkeit über längere Passagen hinweg—nur in seltenen Fällen, z.B. auf Einladungen oder Speisekarten, als Grundschrift verwendet. In der Regel werden sie als Kontrastschrift zu vertikalen Schriften eingesetzt und mit ihnen zusammen entworfen. Während fette und magere, enge und weite Schriften leicht als Varianten ein- und derselben Normalschrift zu erkennen sind, unterscheiden sich kursive Schriften in der Strichführung meistens viel stärker von der zugehörigen Normalschrift. Mit der Einführung des Fotosatzes und seinen Möglichkeiten zur optischen Verzerrung kamen jedoch auch liegende Varianten von vertikalen Schriften auf, vgl. z.B. das Verhältnis von Palatino Italic zu Palatino und von Helvetica Italic zu Helvetica in Abbildung 1.7. Manchmal existieren sogar eine *echte* Kursive und eine geneigte Variante nebeneinander, z.B. Computer Modern Italic und Computer Modern Slanted.

Kursive Schriften werden im allgemeinen für Hervorhebungen im laufenden Text eingesetzt. Hierzu eignen sie sich besser als fette

Palatino

Roman   *Italic*   **Bold**   ***Bold Italic***

Helvetica

Roman   *Italic*   **Bold**   ***Bold Italic***

Computer Modern

Roman   *Italic*   **Bold**   ***Bold Italic***

Abbildung 1.7 *Vier Schnitte aus den Schriftfamilien Palatino, Helvetica und Computer Modern.*

Schriften, da sie zu der Grundschrift genügend kontrastieren, aber nicht, wie die fetten Schriften, durch einen starken Farbkontrast zur Grundschrift das Auge beim flüssigen Lesen ablenken.

Schriften mit gemeinsamen stilistischen und unterschiedlichen funktionalen Attributen bilden eine **Schriftfamilie**. Eine Schriftfamilie enthält in der Regel neben dem „normalen" Schnitt, der im Falle einer Antiqua-Schrift auch oft Roman genannt wird, eine kursive, eine fette und eine fett-kursive Variante. Bekannte Schriftfamilien sind z.B. Times, Helvetica und Computer Modern, siehe Abbildung 1.7. Der Name Times bezeichnet also hier sowohl eine ganze Schriftfamilie als auch eine einzelne Schrift innerhalb dieser Schriftfamilie. Letztere wird zur Verdeutlichung oft Times Roman genannt. Die kursive Variante heißt dann natürlich Times Italic und nicht etwa Times Roman Italic.

Aus stilistischen Gründen werden in einem einzigen Dokument nur wenige—oft sogar nur eine oder zwei—Schriftfamilien verwendet, und eine Auszeichnung im Text erfolgt durch einen Schriftwechsel innerhalb der Schriftfamilie.

Ein Schriftschnitt als ein System von aufeinander bezogenen Formen, die die Zeichen einer Sprache repräsentieren, ist zunächst einmal ein ideelles Gebilde, das vor dem geistigen Auge eines Designers oder Schriftkünstlers entsteht und als Musterzeichnung seine erste materielle Ausprägung findet. Bevor eine solche Schrift für Satz und Druck verwendet werden kann, muß sie in eine der jeweiligen Satz- und Drucktechnik angemessene Erscheinungsform transformiert werden. Für den Handsatz müssen also Stempel geschnitten werden, mit denen Matrizen für das Abgießen der Bleilettern geschlagen werden können, für den Fotosatz muß der Schriftentwurf auf Filmnegative übertragen werden, und für den Computersatz müssen die Schriften gerastert oder mit mathematischen Funktionen beschrieben werden. Jede dieser Technologien hat dabei ihre technischen Beschränkungen, so daß eine angemessener Adaption einer Schrift durchaus keine triviale oder routinemäßige Aufgabe ist.

Ein weiteres Problem bei der Realisierung einer Schrift bringen die unterschiedlichen Schriftgrößen, auch **Grade** genannt, mit sich. Der Grad einer Schrift wird im typographischen Maßsystem in Didot-Punkt (Abkürzung p) gemessen, wobei 2660 p auf 1000 mm kommen. Damit ergibt sich 1 p ungefähr als 0,376 mm. 12 p ergeben 1 Cicero oder 4,51 mm, und 6 Cicero ergeben ungefähr 1 Zoll oder 2,54 cm. Ein anglo-amerikanischer Punkt ist etwas kleiner als ein Didot-Punkt.

Eine Schrift muß in einer ganzen Reihe von Graden realisiert werden. So benötigt man z.B. die Konsultationsgrößen 6 p bis 9 p für Nachschlagetexte wie Lexika, Telefonbücher oder Fußnoten in Büchern. Die Lesegrößen für größere Texte, die fortlaufend und schnell gelesen werden sollen, reichen etwa von 9 p bis 12 p. Schließlich braucht man noch die Schaugrößen von 14 p bis 36 p und mehr für Überschriften, Titelseiten und Plakate. Auch innerhalb eines Dokuments werden oft verschiedene Schriftgrade zur Auszeichnung angewendet, z.B. größere Schriftgrade für Überschriften und kleinere Schriftgrade für Fußnoten. Die verschiedenen Grade, in denen ein Schnitt vorliegt, bilden eine sogenannte **Garnitur**. In der Regel besteht also eine Schriftfamilie aus mehreren Garnituren.

Schriften unterschiedlichen Grades ergeben sich jedoch nicht einfach durch lineares Vergrößern oder Verkleinern. Auf diese Weise würden kleinere Grade unleserlich und größere Grade zu fett. Vielmehr erhalten Schriften in kleineren Graden relativ zu ihrer Größe eine größere Weite, eine stärkere Fette und offenere Innenräume—auch Punzen genannt, z.B. in a oder e—als Schriften in größeren Graden, siehe Abbildung 1.8. Diese minutiösen Abstufungen erfordern eine enge Zusammenarbeit zwischen Schriftentwerfer und Schrifthersteller.

Selbst wenn ein Schrifthersteller sich aus ökonomischen Gründen (Zeit, Geld oder Platz) dazu entschließt, die Schriften im Foto- oder Computersatz optisch zu vergrößern oder zu verkleinern, kann man einigermaßen akzeptable Ergebnisse nur in beschränkten Größenbereichen erwarten. So benötigt man auch hier wenigstens für jede Größen*klasse* eine eigenständige Realisierung der Schrift.

Bei neuen Schriftentwürfen geschieht die erste technische Realisierung einer Schrift wohl immer in enger Zusammenarbeit zwischen dem Designer und dem Schrifthersteller, so daß man davon ausgehen kann, daß sie dem ursprünglichen Entwurf weitgehend entspricht. Falls eine solche Schrift sich als Erfolg erweist, möchten in der Regel auch andere Schrifthersteller sie in ihr Programm auf-

Computer Modern Roman 5 p

Computer Modern Roman 6 p

Computer Modern Roman 7 p

Computer Modern Roman 8 p

Computer Modern Roman 9 p

Computer Modern Roman 10 p

Computer Modern Roman 12 p

Computer Modern Roman 17 p

Computer Modern Roman 5 p, linear vergrößert auf 6 p
Computer Modern Roman

Computer Modern Roman 6 p
Computer Modern Roman

Computer Modern Roman 10 p, linear vergrößert auf 12 p
Computer Modern Roman

Computer Modern Roman 12 p
Computer Modern Roman

Computer Modern Roman 10 p, linear vergrößert auf 17 p
Computer Modern Roman

Computer Modern Roman 17 p
Computer Modern Roman

Abbildung 1.8 *Eine Garnitur der Schrift Computer Modern Roman*

nehmen und eventuell für andere Satz- und Drucktechnologien zur Verfügung stellen. Dazu kann die Schrift von dem ursprünglichen Hersteller lizensiert werden, und im günstigsten Falle erfolgt wieder eine Zusammenarbeit mit dem Designer der Schrift. Sehr häufig jedoch wird wegen unzureichender Copyright-Bestimmungen eine Adaption der Schrift ohne Lizenzvertrag und ohne Beteiligung des Entwerfers vorgenommen, so daß die Qualität des Ergebnisses und die Treue zum ursprünglichen Design nur unzureichend gesichert sind. Auf diese Weise entstehen von den beliebtesten Schriften Dutzende von Realisierungen unterschiedlicher Qualität, oft unter verschiedenen Namen, die sich zum Teil beträchtlich voneinander unterscheiden.

Zusammenfassend soll noch einmal explizit herausgestellt werden, daß in diesem Abschnitt das Wort *Schrift* in drei verschiedenen Bedeutungen eingeführt wurde. Schrift in der ersten Bedeutung unterscheidet z.B. lateinische, griechische, kyrillische, chinesische oder japanische Schrift im Sinne von Alphabet. Schrift in der zweiten Bedeutung ist mit Schriftschnitt gleichgesetzt und bezieht sich auf die visuelle Form der Zeichen. In dieser Bedeutung wird das Wort Schrift im folgenden immer verwendet. Schrift in der dritten Bedeutung bezieht sich auf die materielle oder elektronische Realisierung eines Schriftschnitts zum Setzen und Drucken. Für Schrift in der dritten Bedeutung scheint es in der deutschen Sprache keinen eigenen Ausdruck zu geben. Die englische Sprache unterscheidet da besser: Schrift als System von Zeichen heißt *Script*, Schrift im Sinne von Schriftschnitt heißt *Typeface*, und Schrift als materielle Realisierung eines Schriftschnitts heißt *Fount* oder—amerikanisch— *Font*. Das Wort Font bürgert sich durch die vielen englischsprachigen Textsysteme langsam auch im deutschen Sprachraum ein, so daß es auch hier benutzt wird, wenn das universelle Wort Schrift mißverstanden werden kann.

Quellen

Die Bücher [Fru79] und [SL85] enthalten die wesentlichen Grundlagen dieses Abschnitts. Die Entwicklung der lateinischen Schrift von der römischen Capitalis über die karolingische Minuskel bis zur Antiqua und den gotischen Schriften ist in [Mor28] dargestellt. Die klare Semantik des Wortes Schrift und die Unterscheidung zwischen stilistischen und funktionalen Attributen eines Schriftschnitts stammen aus [Sou86]. Über den Charakter von Schriften findet man in [Lee79] und in [Lin88] einige Hinweise.

1.2 Klassifikation nach DIN

Heute sind im Bereich der lateinischen Schrift Hunderte von Ausprägungen in verschiedenen Schriftstilen in Gebrauch. Interessanterweise kommt es den Lesern von Büchern oder Zeitschriften nur selten zu Bewußtsein, in welcher Schrift das ihnen vorliegende Dokument gesetzt ist. Trotzdem trägt die richtig gewählte Schrift, zusammen mit anderen typographischen Parametern, entscheidend zur Lesbarkeit des Dokuments und damit zur gelungenen Kommunikation zwischen Autor und Leser bei.

Das Wiedererkennen und Einordnen von Schriften wird durch ein Klassifikationsschema des Deutschen Instituts für Normung wesentlich erleichtert. Dieses Schema (DIN 16 518: Klassifikation der Schriften) basiert auf visuellen Eigenschaften der Schriften, nicht aber auf ihrer Entstehungsgeschichte.

Obwohl die DIN-Norm durchaus Bezug auf die historische Entwicklung der Schriften nimmt, ist die historische Einordnung nicht ausschlaggebend für die Zuordnung zu einer bestimmten Schriftgruppe. Die Einteilung erfolgt vielmehr nach visuellen Gesichtspunkten an Hand der stilistischen Attribute einer Schrift. Das optische Erscheinungsbild der Schrift auf dem Papier gibt also den Ausschlag dafür, in welche Gruppe eine Schrift einzuordnen ist. Historische Bemerkungen beziehen sich lediglich darauf, wann zum ersten Mal eine Schrift in einer bestimmten Schriftgruppe aufgetreten ist, auf Grund welcher technischen Gegebenheiten sie sich entwickelt hat und von welchen Vorläufern sie ausgegangen ist. Die DIN-Klassifikation hat somit die sinnvolle Eigenschaft, daß spätere Nachschnitte von historischen Schriften sich in einer Gruppe mit ihren Vorbildern wiederfinden.

Die stilistischen Attribute, auf denen die DIN-Klassifikation basiert, betreffen hauptsächlich die Existenz und die Form von **Serifen** und den **Duktus** der Schrift.

Serifen sind kleine Quer- oder Schrägstriche, die durch mehr oder weniger ausgeprägte Rundungen mit den Buchstabenenden verbunden sind. Sie gehen auf die in Stein gehauenen Inschriften der Römer zurück und waren ursprünglich durch die Meißeltechnik bedingt.

Der Duktus einer Schrift bezieht sich auf die Strichführung. Von Bedeutung sind hier variierende oder gleichmäßige Strichstärke, der Kontrast zwischen Grundstrichen und Haarstrichen und die Achse in den Rundungen. Der besondere Duktus einer Schriftklasse erklärt sich zum Teil aus den unterschiedlichen Schreibwerkzeugen wie runden, schräg abgeschnittenen oder spitzen Federn. Einige Alternativen für Serifen und Duktus sind in Abbildung 1.9 illustriert.

Die DIN-Klassifikation unterteilt die Schriften in insgesamt elf Gruppen. Die ersten vier Gruppen bestehen aus Antiqua-Schriften mit Serifen und variierender Strichstärke. In der ersten Gruppe, der **Venezianischen Renaissance-Antiqua**, sind die Unterschiede in der Strichstärke noch relativ gering. Die Übergänge an den Serifen sind ausgerundet, und die oberen Serifen an den Kleinbuchstaben sind schräg angesetzt, ergeben also fast eine Dreiecksform. Die

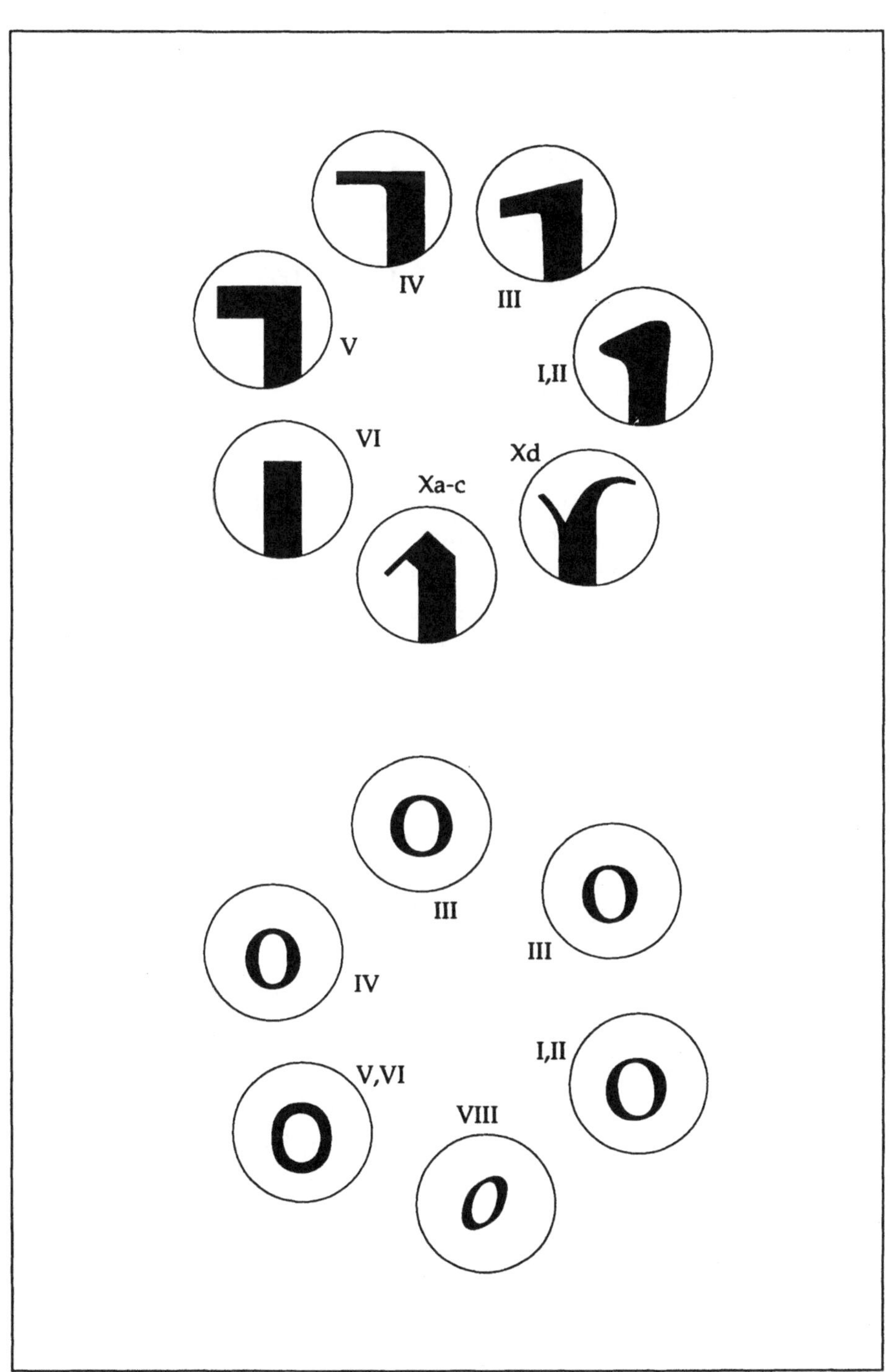

Abbildung 1.9 *Serifen und Duktus*

Palatino

THE QUICK BROWN FOX JUMPS
OVER THE LAZY DOG, the quick
brown fox jumps over the lazy dog.

Abbildung 1.10 *Französische Renaissance-Antiqua*

Achse der Rundungen, gut erkennbar zum Beispiel im O, ist nach
links geneigt, und der Querstrich des e ist schräg. Die oberen Serifen
der Großbuchstaben M und N und manchmal auch des A sind nach
beiden Seiten ausgebildet (sogenannte *Slab Serifs*). Die waagerechten Linien der unteren Serifen sind leicht konkav. Historisch ist die
Venezianische Renaissance-Antiqua aus der humanistischen Minuskel des 15. Jahrhunderts, die mit der schräggestellten Breitfeder
im Wechselzug geschrieben wurde, entstanden. Typische Vertreter dieser Schriftklasse sind Centaur, Schneider-Mediäval, Tiffany,
Trajanus und Golden Type von William Morris.

Die zweite Gruppe in der DIN-Klassifikation, die **Französische
Renaissance-Antiqua**, unterscheidet sich nur geringfügig von der
ersten. Der Querstrich im e ist nun waagerecht, die oberen Serifen
in M und N sind nur nach außen ausgebildet, und die Unterschiede
in der Strichstärke sind etwas größer geworden. Die historischen
Wurzeln der Französischen und der Venezianischen Renaissance-
Antiqua sind identisch. Typische Vertreter der Gruppe II sind Al-
dus, Bembo, Garamond, Meridien, Palatino, Sabon, Trump-Medi-
äval und Weiß-Antiqua, siehe auch Abbildung 1.10.

In der dritten Gruppe, der **Barock-Antiqua**, ist der Unterschied in der Strichstärke weiter verstärkt, und die Serifen sind nicht mehr so stark ausgerundet. Auch die Achse der Rundungen steht schon fast senkrecht. Erhalten geblieben ist noch der schräge Ansatz der Serifen oben an den Kleinbuchstaben. Als Vorbild gelten nicht mehr die mit der Feder geschriebenen Handschriften, sondern die gestochen scharfen, feine Details erlaubenden Kupferstecherschriften. Zur Klasse der Barock-Antiqua gehören auch viele auf sehr gute Lesbarkeit hin entworfene Schriften mit im Verhältnis zu Ober- und Unterlänge vergrößerter Mittellänge, wie die von Stanley Morison für die *London Times* geschaffene Schrift Times. Andere Vertreter dieser Klasse sind Baskerville, Bookman, Caslon, Concorde, Imprimatur, Fournier und Janson, siehe auch Abbildung 1.11.

Die vierte Gruppe, die **klassizistische Antiqua**, verstärkt die Charakteristika der Barock-Antiqua. Die Serifen sind lang, fein und waagerecht angesetzt. Der Übergang zwischen Serifen und Grundstrichen ist kaum merklich oder gar nicht mehr ausgerundet. Grund- und Haarstriche stehen fast ohne vermittelnden Übergang in starkem Kontrast zueinander. Die Achse der Rundungen ist nun völlig senkrecht, und die Körper der Buchstaben wirken weniger rund und offen. Schriften der Klassizistischen Antiqua stehen den Kupferstecherschriften sehr nahe und vermitteln den Eindruck von Präzision und Statik. Typische Beispiele sind Bodoni, Century, Computer Modern, Didot, Iridium, Madison, Nomade und Walbaum, siehe auch Abbildung 1.12. Der vorliegende Text ist in Computer Modern, also einer klassizistischen Antiqua, gesetzt.

Die nächsten beiden Schriftgruppen in der DIN-Klassifikation beinhalten die Schriften der Linear-Antiqua. In ihnen variiert die Strichstärke kaum noch, oder sie bleibt sogar optisch konstant. Gemeint ist hier, daß alle Linien gleich stark *aussehen*, obwohl sie es

---

Bookman

THE QUICK BROWN FOX JUMPS OVER THE LAZY DOG, the quick brown fox jumps over the lazy dog.

Times

THE QUICK BROWN FOX JUMPS OVER THE LAZY DOG, the quick brown fox jumps over the lazy dog.

Abbildung 1.11 *Barock-Antiqua*

geometrisch gesehen nicht sind. Optischen Täuschungen, denen das menschliche Auge ausgesetzt ist, muß also entgegengewirkt werden, ein Ansatz, der bereits in der Architektur der Antike verfolgt wurde. So müssen z.B. zwei spitz aufeinander zulaufende Linien geometrisch zur Spitze hin etwas schmaler werden, damit optisch der Eindruck konstanter Breite entsteht.

Gruppe V im Klassifikationsschema ist die Gruppe der **serifenbetonten Linear-Antiqua**. Serifen und Haar- und Grundstriche unterscheiden sich nur wenig oder gar nicht in der Stärke. Die Serifen sind waagerecht angesetzt und wirken im Vergleich zu den Gruppen I–IV betont. Eine serifenbetonte Linear-Antiqua kann z.B. von einer klassizistischen Antiqua abgeleitet werden, indem sämtliche Haarstriche und Serifen auf ähnliche Stärke verdickt werden. Sol-

---

New Century Schoolbook

THE QUICK BROWN FOX JUMPS OVER THE LAZY DOG, the quick brown fox jumps over the lazy dog.

Computer Modern

THE QUICK BROWN FOX JUMPS OVER THE LAZY DOG, the quick brown fox jumps over the lazy dog.

Abbildung 1.12 *Klassizistische Antiqua*

che Schriften sind als Zeitungsschriften sehr beliebt. Beispiele sind Candida, Clarendon, Digi-Antiqua, Excelsior, Impressum, Melior, Shadow und Serifa. Sie kann aber auch aus Kreisbögen und geraden Linien konstruiert erscheinen, wie die Schriften Beton, Lubalin, Memphis und Rockwell.

Gruppe VI wird von der **serifenlosen Linear-Antiqua** gebildet. Auch hier unterscheiden sich Haar- und Grundstriche kaum, dafür fehlen aber die Serifen ganz. Wie in Gruppe V gibt es wieder Ableitungen aus nichtlinearen Antiqua-Schriften wie Akzidenz-Grotesk, Folio, Frutiger, Gill, Helvetica, Univers und Syntax oder scheinbar geometrisch konstruierte Schriften wie Avant Garde, Futura, Kabel oder Neuzeit-Grotesk, siehe auch Abbildung 1.13. Auch Optima wird derselben Gruppe VI zugeordnet, obwohl die Optima

---

Avant Garde

THE QUICK BROWN FOX JUMPS OVER
THE LAZY DOG, the quick brown fox
jumps over the lazy dog.

Helvetica

THE QUICK BROWN FOX JUMPS
OVER THE LAZY DOG, the quick
brown fox jumps over the lazy dog.

Abbildung 1.13 *Serifenlose Linear-Antiqua*

wegen ihres an- und abschwellenden Duktus keine ausgesprochene
Linearschrift ist. Offensichtlich gibt hier das Fehlen von Serifen den
Ausschlag.

Die nächsten drei Gruppen enthalten Schriften, die nur selten
zum Satz fortlaufender Texte eingesetzt werden.

Gruppe VII dient als Sammelbecken für alle in keine andere
Gruppe einzuordnenden Antiqua-Schriften: ler **Antiqua-Varian-
ten**. Sie umfaßt hauptsächlich aus Großbuchstaben bestehende
Schriften für dekorative und monumentale Zwecke, z.B. Codes, Co-
lumna, Hammer-Unzial, Largo, Neuland und Profil.

Gruppe VIII besteht aus den **Schreibschriften** und enthält
die zur Drucktype gewordenen *lateinischen* Schul- und Kanzlei-
schriften. Typisch für diese Schriften ist der flüssige handschrift-

> *Zapf Chancery*
>
> *THE QUICK BROWN FOX JUMPS OVER THE LAZY DOG, the quick brown fox jumps over the lazy dog.*

Abbildung 1.14 *Schreibschrift*

liche Charakter, mit dem die Buchstaben eines Wortes ineinander übergehen. Zu dieser Gruppe gehören neben der schon mehrfach erwähnten Zapf Chancery (Chancery=Kanzlei) auch Virtuosa, Charme, Mistral, Ariston, Forelle und Legende, siehe auch Abbildung 1.14.

Die neunte Gruppe ist die **handschriftliche Antiqua**. Sie enthält alle Schriften, die eine andere Antiqua in individueller Weise handschriftlich abwandeln. Beispiele sind Post-Antiqua, Polka und Hyperion.

Die zehnte Gruppe besteht aus den gebrochenen Schriften, die seit dem Mittelalter vor allem in Deutschland verbreitet waren und in denen die runden Formen der Antiqua durch gebrochene gerade Linien ersetzt sind. Heute sind gebrochene Schriften kaum noch in Gebrauch. Die einzige Ausnahme bilden die Titelzeilen mancher Tageszeitungen.

Die Gruppe X hat insgesamt fünf Untergruppen. Die erste Untergruppe Xa enthält die **gotischen Schriften**. Die gotische Schrift ist sehr eng und hochstrebend. Die Serifen sind rauten- oder würfelförmig. Ein in gotischer Schrift gesetzter Text wirkt wie ein dichtes Netz, eine Textur, aus schwarzen Linien. Beispiele sind Wilhelm-Klingspor-Schrift, Hupp-Gotisch oder Trump-Deutsch.

Die Gruppe Xb ist die Gruppe der **rundgotischen Schriften**. Hier sind die eckigen Formen der gotischen Schriften teilweise in Rundungen aufgelöst. Charakteristische Spitzen, z.B. bei den oberen Endungen des n, bleiben jedoch erhalten. Die würfelförmigen An- und Abstriche fallen ebenfalls weg. Rundgotische Schriften sind breiter und offener als gotische und besser lesbar. Rundgotische Schriften sind u.a. Wallau und Weiß-Rundgotisch.

Die **Schwabacher Schriften** bilden die Gruppe Xc. Auch hier wechseln sich Rundungen und scharfe Kanten ab, die Rundungen sind jedoch breiter als in der Rundgotisch. Die Schwabacher ist eine derbere, volkstümliche Schrift mit handschriftlichem Charakter. Besonders typisch ist der kräftige Querstrich beim g. Beispiele sind Renata, Ehmcke-Schwabacher oder Nürnberger Schwabacher.

Die **Fraktur**, Gruppe Xd, nach der auch manchmal alle gebrochenen Schriften benannt sind, besitzt auffallend schwungvolle Großbuchstaben und relativ enge Kleinbuchstaben mit gegabelten Oberlängen, sogenannten Elefantenrüsseln oder Rüsselschwüngen. Die in der Schwabacher beidseitig runden Buchstaben a und d sind in der Fraktur nur einseitig ausgerundet. Es kommen auch die würfelförmigen Serifen an den unteren Buchstabenenden wieder zum Vorschein. Typische Vertreter sind Unger-Fraktur, Dürer-Fraktur, Gilgengart und Fichte-Fraktur, siehe auch Abbildung 1.15.

Die Gruppe Xe, **Fraktur-Varianten**, umfaßt alle gebrochenen Schriften, die sich in keine andere Untergruppe einordnen lassen, z.B. die lateinischen Schreibschriften. Typische Vertreter der Gruppe Xe sind Claudius, Weiß-Fraktur-Kursiv und Hinrichsen-Kanzlei.

Die elfte und letzte Gruppe wird von den fremden, also den nicht-lateinischen Schriften gebildet. Hierzu gehören z.B. die grie-

Euler Fraktur

THE QUICK BROWN FOX
JUMPS OVER THE LAZY DOG,
the quick brown fox jumps over the
lazy dog.

Abbildung 1.15 *Fraktur*

chische, die kyrillische, die chinesische, die hebräische und die arabische Schrift.

Die unterschiedliche Wirkung eines zusammenhängenden Textes, der mit Schriften aus den verschiedenen Schriftgruppen gesetzt ist, kann man sich an Hand der Beispiele in Abbildung 1.16 vor Augen führen.

Quellen

Die erste Referenz zur DIN-Klassifikation der Schriften ist natürlich die DIN-Norm selbst, siehe [DIN64]. Eine anschauliche und gut illustrierte Erläuterung dieser sehr knapp gehaltenen Norm findet sich in [MW81]. Alternative Klassifizierungsschemata werden in [Law71] vorgestellt. Mehr Hintergrundwissen vermitteln [SL85], [DK71] und [Lee79]. Insbesondere [Lee79] geht über die reine Vermittlung technischen Fachwissens hinaus und hilft auch typographischen Laien, die ärgsten Fehler bei der Gestaltung der eigenen Dokumente zu vermeiden. Eine historische Darstellung zur Ent-

Palatino
Type faces, like people's faces, have distinctive features indicating aspects of character.

Bookman
Type faces, like people's faces, have distinctive features indicating aspects of character.

Times
Type faces, like people's faces, have distinctive features indicating aspects of character.

New Century Schoolbook
Type faces, like people's faces, have distinctive features indicating aspects of character.

Computer Modern
Type faces, like people's faces, have distinctive features indicating aspects of character.

Avant Garde
Type faces, like people's faces, have distinctive features indicating aspects of character.

Helvetica
Type faces, like people's faces, have distinctive features indicating aspects of character.

Zapf Chancery
Type faces, like people's faces, have distinctive features indicating aspects of character.

Euler Fraktur
Type faces, like people's faces, have distinctive features indicating aspects of character.

Abbildung 1.16 *Schriftbeispiele aus verschiedenen Schriftgruppen nach DIN*

wicklung der Schriften findet man in [Mor28]. Einen Überblick über die Vielzahl der heute verfügbaren Schriften liefern die Musterbücher von Schriftherstellern und Druckereien. Stellvertretend sei hier [Ber88] angeführt.

1.3 Lesbarkeitskriterien

Die wichtigste Aufgabe bei der Gestaltung eines Dokuments besteht darin, es leicht lesbar zu machen. Dabei soll die Gestaltung möglichst gute Voraussetzungen dafür schaffen, daß der Leser das Dokument inhaltlich verstehen und es in der vom Autor intendierten Form benutzen kann. Ziel der typographischen Gestaltung ist es deshalb nicht in erster Linie, ein ästhetisch befriedigendes Kunstwerk zu schaffen, sondern den *Gebrauch* des Schriftstücks zu unterstützen. Wenn also eine Schrift in einem Dokument die Aufmerksamkeit des Lesers auf sich zieht, anstatt sie auf den Inhalt und die Funktion des Textes zu lenken, so hat sie ihre Aufgabe schon verfehlt. Überspitzt ausgedrückt ist es deshalb eine gute Strategie, bei der Wahl der Schriften die Irritation des Lesers zu vermeiden.

Schriften können den Leser aus einer Reihe von Gründen irritieren. Dazu gehört, wie schon in Abschnitt 1.1 dargestellt, die Wahl einer Schrift, die vom Charakter her nicht zu der Anwendung paßt. Eine grobe Charakterisierung einer Schrift kann man aus ihrer Gruppenzugehörigkeit gemäß DIN 16 518 ableiten. Eine klassizistische Antiqua wirkt beispielsweise sehr klar und präzise und eignet sich deshalb gut für naturwissenschaftliche Arbeiten. Eine serifenlose Linear-Antiqua dagegen vermittelt den Eindruck von Nüchternheit und Sachlichkeit. Aus diesem Grund wurde sie z.B. von den Typographen des Bauhauses fast ausschließlich verwendet. Heute findet man sie oft in Gebrauchsanweisungen, Informationsbroschüren und Sachbüchern aller Art, aber wegen ihrer plakativen Wirkung auch auf Wegweisern und Reklametafeln. Eine Schreibschrift wiederum wirkt informell und persönlich, manchmal auch schwungvoll, verspielt oder nostalgisch antiquiert. Sie ist nur in kleinen Textpassagen lesbar und eignet sich für Einladungskarten, Speisekarten, Etiketten, Gedichte oder persönliche Drucksachen.

Beim Mischen verschiedener Schriften kann man die gröbsten Irritationen vermeiden, wenn man sich innerhalb einer Schriftfamilie bewegt. Mischt man jedoch Schriften aus verschiedenen Familien, so müssen sie sich entweder in jeder Beziehung sehr ähnlich sein oder in einigen Aspekten in einem deutlichen, aber harmonischen Kontrast zueinander stehen. Der Kontrast kann dabei im Charakter oder in den stilistischen Attributen liegen.

Abbildung 1.17 zeigt Beispiele für gute und schlechte Schriftmischungen. Die Abbildung enthält fünf Beispiele, in denen jeweils ein laufender Text in New Century Schoolbook mit einer Überschrift in einer anderen Schrift kombiniert wird. Das erste Beispiel demonstriert die sicherste Lösung, indem für die Überschrift eine fette Variante von New Century Schoolbook verwendet wird. In dem zweiten Beispiel ist die Überschrift in Helvetica gesetzt. Dabei kontrastieren Helvetica (plakativ, keine Serifen, lineare Strichführung) und New Century Schoolbook (präzise, Serifen, variierende Strichführung) im Charakter und in einigen stilistischen Attributen. Sie stimmen jedoch in bezug auf andere Merkmale wie Schreibrichtung und Achsenneigung, allgemeine Buchstabenform und Proportionen genügend überein, um in der Kombination brauchbar zu sein. Interessant ist das dritte Beispiel, in dem die Überschrift in Zapf Chancery gesetzt ist. Hier dominieren die Kontraste in Charakter und Stil. Die einzigen Gemeinsamkeiten zu New Century Schoolbook liegen in der Variation der Strichstärke und in ähnlichen Grauwerten im Gesamtbild. Die Kombination ist deshalb für besondere Situationen akzeptabel, z.B. wenn die Überschriften auch inhaltlich in einem lockeren Ton gehalten sind. Die beiden letzten Kombinationen sind gleichermaßen schlecht. Sie verwenden für die Überschrift die Schriften Computer Modern und Palatino. Computer Modern ist vom Charakter und von der Strichführung her mit New Century Schoolbook nahezu identisch. Die kleinen Unterschiede in der Laufweite und in der Fette sind sichtbar, bilden aber keinen echten Kontrast, was zu einer Konfusion des Lesers führt. Palatino unterscheidet sich zwar in Charakter und Strichführung mehr von New Century Schoolbook als Computer Modern, eine Kontrastwirkung entsteht jedoch nicht. In einer solchen Situation, in der zwar Unterschiede spürbar sind, jedoch kein Konzept des Designers dahinter ersichtlich ist, wird der Leser nur unnötig irritiert.

Die bisher behandelten Quellen der Irritation lagen in der falschen Anwendung von Schriften. Irritationen können jedoch auch auf die schlechte Qualität einer Schrift zurückzuführen sein. Hier kann der Fehler schon beim Designer liegen, wenn etwa stilistische Attribute wie die Form der Serifen, die Neigungsachse oder der Kontrast in der Strichstärke nicht bei allen Buchstaben konsequent beibehalten werden. Der Fehler kann jedoch auch bei der technischen Realisierung der Schrift liegen. Die **technische Qualität** einer Schrift ist dabei definiert als visuelle Konsistenz in bezug auf Größe, Gewicht und Zurichtung.

Die Größenverhältnisse einer Schrift sind bestimmt durch ein System von fünf Linien, deren unterste die Ausdehnung der Buchstaben mit Unterlängen (g, j, p, q und y) nach unten begrenzt. Die zweitunterste Linie ist die Grundlinie, auf der alle Kleinbuchstaben ohne Unterlänge sowie alle Großbuchstaben aufsitzen. Die nächsthöhere Linie definiert die sogenannte x-Höhe, da sie durch das obere Ende des Buchstaben x verläuft. Die x-Linie begrenzt

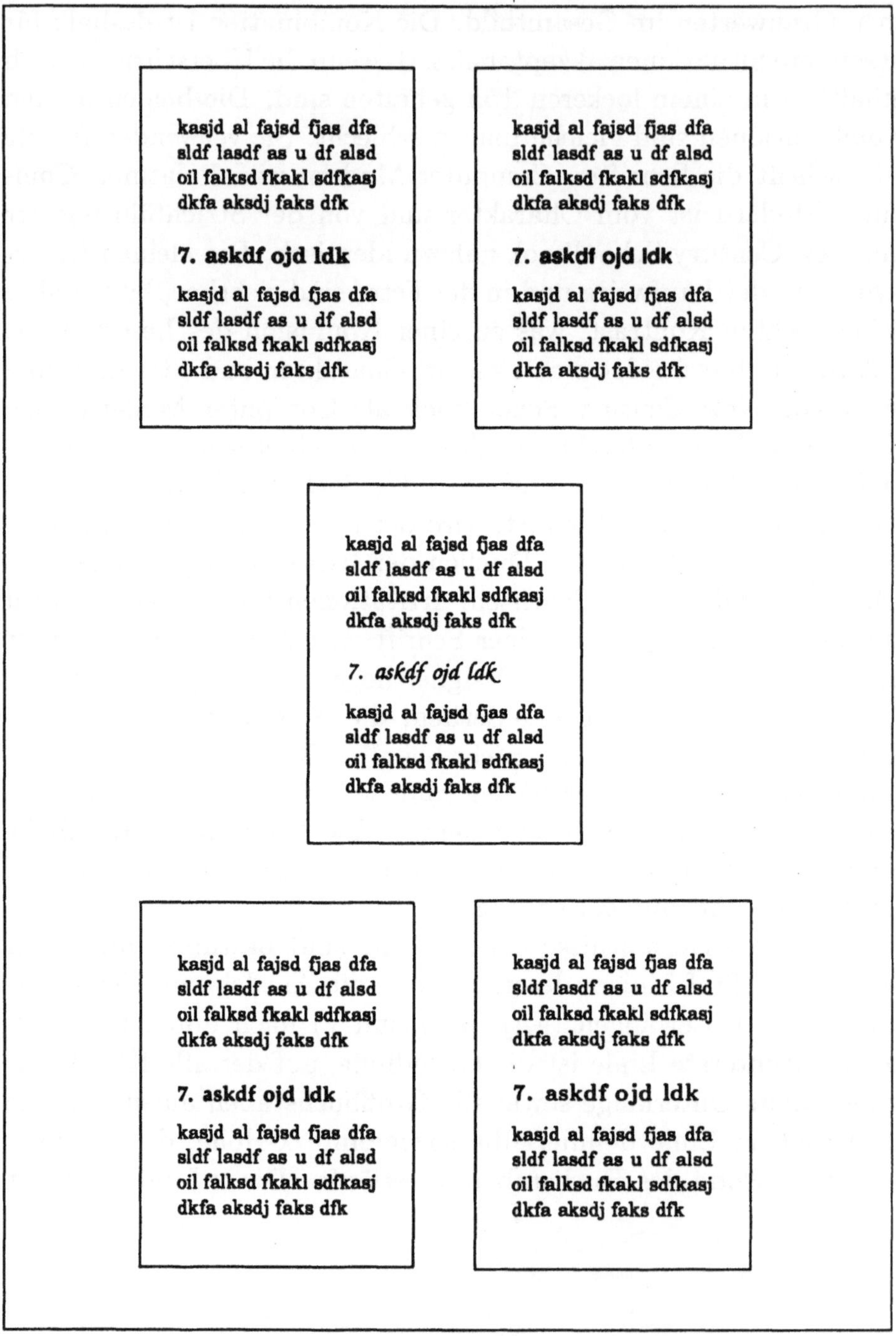

kasjd al fajsd fjas dfa
sldf lasdf as u df alsd
oil falksd fkakl sdfkasj
dkfa aksdj faks dfk

7. askdf ojd ldk

kasjd al fajsd fjas dfa
sldf lasdf as u df alsd
oil falksd fkakl sdfkasj
dkfa aksdj faks dfk

kasjd al fajsd fjas dfa
sldf lasdf as u df alsd
oil falksd fkakl sdfkasj
dkfa aksdj faks dfk

7. askdf ojd ldk

kasjd al fajsd fjas dfa
sldf lasdf as u df alsd
oil falksd fkakl sdfkasj
dkfa aksdj faks dfk

kasjd al fajsd fjas dfa
sldf lasdf as u df alsd
oil falksd fkakl sdfkasj
dkfa aksdj faks dfk

7. askdf ojd ldk

kasjd al fajsd fjas dfa
sldf lasdf as u df alsd
oil falksd fkakl sdfkasj
dkfa aksdj faks dfk

kasjd al fajsd fjas dfa
sldf lasdf as u df alsd
oil falksd fkakl sdfkasj
dkfa aksdj faks dfk

7. askdf ojd ldk

kasjd al fajsd fjas dfa
sldf lasdf as u df alsd
oil falksd fkakl sdfkasj
dkfa aksdj faks dfk

kasjd al fajsd fjas dfa
sldf lasdf as u df alsd
oil falksd fkakl sdfkasj
dkfa aksdj faks dfk

7. askdf ojd ldk

kasjd al fajsd fjas dfa
sldf lasdf as u df alsd
oil falksd fkakl sdfkasj
dkfa aksdj faks dfk

Abbildung 1.17 *Beispiele für gute und schlechte Schriftmischungen*

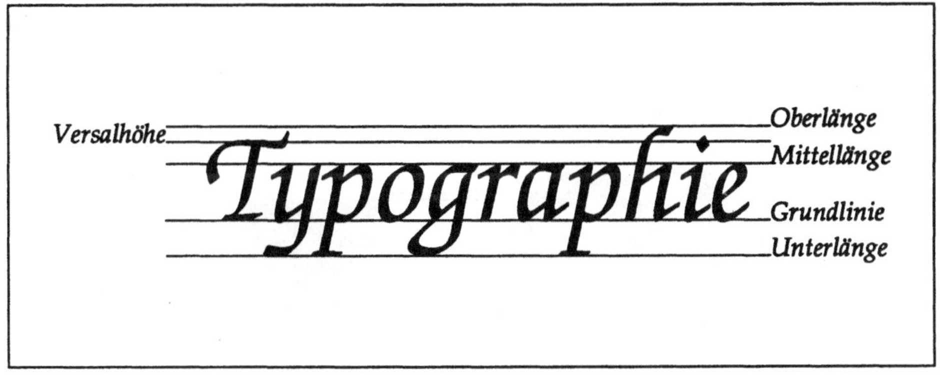

Abbildung 1.18 *Die Schriftlinien für die Schrift Zapf Chancery*

ebenfalls alle anderen Kleinbuchstaben ohne Oberlänge nach oben. Die zweitoberste Linie definiert die Ausdehnung der Großbuchstaben nach oben, und die oberste Linie schließt mit den Oberlängen der Kleinbuchstaben ab. Abbildung 1.18 illustriert diese Größenverhältnisse für die Schrift Zapf Chancery. Konsistenz in bezug auf die Größe meint nun, daß die Buchstaben einer Schrift sich einheitlich in ein solches System von Führungslinien einpassen lassen. Dabei müssen optische Täuschungen, denen das menschliche Auge unterliegt, ausgeglichen werden. So erscheint dem menschlichen Auge z.B. ein Quadrat höher als ein Kreis geometrisch gleicher Höhe. Demnach muß etwa ein O ein wenig über seine beiden Führungslinien hinausragen, damit es genauso groß wie ein T aussieht. Bei der Beurteilung der Größenkonsistenz gibt also das visuelle Erscheinungsbild den Ausschlag, und nicht etwa die zugrundeliegende Geometrie.

Ähnliche Aspekte gilt es bei dem Gewicht der Buchstaben zu berücksichtigen. Die Strichstärke der Buchstaben muß optisch konsistent sein, ungeachtet von Effekten, die etwa dafür verantwortlich sind, daß für das menschliche Auge ein waagerechter Balken dicker

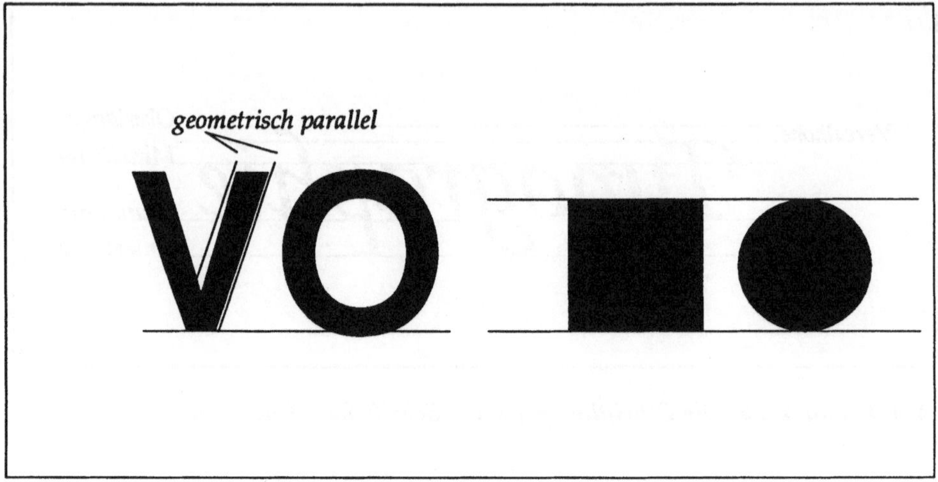

Abbildung 1.19 *Der Ausgleich unerwünschter optischer Effekte bei der Schrift Helvetica*

zu sein scheint als ein geometrisch gleich dicker senkrechter Balken. Die Berücksichtigung dieser optischen Effekte bei der Schrift Helvetica ist in Abbildung 1.19 dargestellt.

Neben Konsistenz in bezug auf Größe und Gewicht wurde oben auch noch Konsistenz in bezug auf die Zurichtung als Kriterium technischer Qualität angeführt. Unter Zurichtung versteht man dabei das Hinzufügen von freiem Raum links und rechts von jedem einzelnen Buchstaben, damit bei dem Aneinanderreihen von Buchstaben zu Wörtern und Zeilen ein gleichmäßiges Band ohne dunkle oder helle Flecken entsteht. Ziel ist es dabei, die Zwischenräume zwischen den Buchstaben homogen erscheinen zu lassen. Außerdem sollen die vertikalen Striche der Buchstaben in einem Wort einen regelmäßigen Rhythmus bilden.

Nach einem von Bigelow entwickelten Verfahren kann man die Regelmäßigkeit der Buchstabenzwischenräume testen, indem man

Abbildung 1.20 *Die unterschiedlichen Buchstabenzwischenräume in den Schriften Courier und Palatino*

einzelne Wörter invers mit weißer Schrift auf schwarzem Grund darstellt. Dieses Verfahren wurde in Abbildung 1.20 auf Palatino und auf die Schreibmaschinenschrift Courier angewendet. Das Beispiel zeigt deutlich die wesentlich unregelmäßigeren Buchstabenzwischenräume bei der Schreibmaschinenschrift, die darauf zurückzuführen sind, daß jedes Zeichen, das schmale i ebenso wie das weite m, den gleichen Platz eingeräumt bekommt. Das ist der Grund dafür, warum Schreibmaschinenschriften schwerer lesbar sind als Proportionalschriften, in denen die Breite eines Zeichen von dem dargestellten Buchstaben abhängt.

Ein weiteres Experiment, mit dem die Qualität der Zurichtung einer Schrift auch von Laien gut beurteilt werden kann, hat der Schweizer Typograph Emil Ruder entworfen. Das größte Problem bei der Zurichtung bilden nämlich die unregelmäßigen seitlichen

Konturen der sogenannten lückenreißenden Buchstaben W, A, V,
P, L, J, k, r, t, v, w, x, y und z. Schreibt man nun zwei Spalten
von Wörtern nebeneinander, von denen nur die erste Spalte lücken-
reißende Buchstaben enthält, so wird man bei einer Schrift mit
guter Zurichtung in der mittleren Grautönung der beiden Spalten
kaum einen Unterschied feststellen. Bei einer Schrift mit schlechter
Zurichtung dagegen wird die erste Spalte deutlich heller sein als
die zweite. In Abbildung 1.21 ist dieses Experiment für die Schrift
Computer Modern durchgeführt. In diesem Beispiel erzeugen beide
Spalten nahezu den gleichen Grauwert. In Abbildung 1.22 dagegen,
in der die Schrift Bookman getestet wird, ist der Unterschied in den
Grauwerten ziemlich deutlich ausgeprägt. Der Effekt ist am besten
zu erkennen, wenn man das Bild aus einiger Entfernung (1–2 m)
betrachtet. Natürlich kann man mit diesem Test nicht den Schriftschnitt selber beurteilen, sondern nur seine Realisierung mit einer
bestimmten Drucktechnologie. In beiden Fällen handelt es sich um
Ausdrucke auf dem Apple Laserwriter.

Durch Zuordnung von freiem Platz rund um jeden einzelnen
Buchstaben allein ist ein gleichmäßiges Zeilenband normalerweise
nicht zu erreichen. Oft ist es deshalb notwendig, den Abstand
zwischen einzelnen Buchstabenpaaren gesondert festzusetzen. Diesen Vorgang nennt man **Unterschneiden** oder **Kerning**, vgl. die
Buchstabenpaare Ta vs. Ta oder vo vs. vo, einmal mit und einmal ohne Unterschnitt gesetzt. Bestimmte Buchstabenpaare lassen sich durch Unterschneiden immer noch nicht in den richtigen
Rhythmus bringen. Dazu gehört z.B. das Paar f-i. Will man diese
beiden Buchstaben so eng zusammenrücken, daß der Abstand ihrer beiden Grundstriche in etwa dem Abstand der Grundstriche bei
einem m entspricht, so gerät, wenigstens bei einigen Schriften, der
tropfenförmige Anfang des f mit dem i-Punkt in Konflikt. Deshalb
wurde für dieses Buchstabenpaar ein eigenes neues Zeichen erfun-

vertrag	bibel
verwalter	biegen
verzicht	blind
vorrede	damals
yankee	china
zwetschge	schaden
zypresse	schein
fraktur	lager
kraft	legion
raffeln	mime
reaktion	mohn
rekord	nagel
revolte	puder
tritt	quälen
trotzkopf	huldigen
tyrann	geduld

Abbildung 1.21 *Zurichtungstest für Computer Modern auf Apple Laserwriter*

den, nämlich die **Ligatur** fi. Ligaturen sind sprachabhängig. Im englischen Sprachraum sind zusätzlich zu der fi-Ligatur auch noch die Ligaturen ff, fl und ffl in Gebrauch. Im Deutschen werden diese Ligaturen teilweise auch verwendet, dürfen aber nie Wortgrenzen in zusammengesetzten Wörtern überbrücken. Statt Auflage muß es also richtig Auflage, ohne f-l-Ligatur, heißen. Im Deutschen haben wir dafür die Ligatur ß, die aus einem doppelten s entstanden ist. Die Form des ß hat sich aus dem langen und dem kurzen gotischen s entwickelt. Die Bezeichnung „ess-zet" ist also historisch falsch. Ebenso ist das und-Zeichen & als Ligatur aus e und t zu verstehen (lat. et: und).

Eine letzte Quelle der Irritation des Lesers kann in der Form der

vertrag	bibel
verwalter	biegen
verzicht	blind
vorrede	damals
yankee	china
zwetschge	schaden
zypresse	schein
fraktur	lager
kraft	legion
raffeln	mime
reaktion	mohn
rekord	nagel
revolte	puder
tritt	quälen
trotzkopf	huldigen
tyrann	geduld

Abbildung 1.22 *Zurichtungstest für Bookman auf Apple Laserwriter*

Buchstaben selbst liegen. Zumindest müssen die Buchstabenformen so weit ausdifferenziert sein, daß man die einzelnen Buchstaben leicht auseinanderhalten kann. Es darf z.B. der Bogen des c nicht so weit geschlossen sein, daß es sich kaum noch von einem o unterscheidet. Kritisch ist auch, insbesondere bei Schriften ohne Serifen, die Unterscheidung der Buchstaben 1, l und I. Da die Hälfte der Kleinbuchstaben weder Ober- noch Unterlängen besitzt, muß die Mittelhöhe der Buchstaben genügend groß sein, um die erforderliche Differenzierung zu erlauben. Aber auch die Oberlängen und die Unterlängen dürfen nicht allzu knapp gehalten sein, da ihnen etwa bei den Buchstabenpaaren b-d und p-q eine differenzierende Funktion zukommt.

Ein geübter Leser buchstabiert jedoch beim Lesen nicht, sondern erkennt ganze Wörter und Wortketten mit einem Blick an ihrer äußeren Kontur. Deshalb sind in Großbuchstaben geschriebene Textpassagen sehr schwer lesbar, denn die äußeren Konturen bilden bei dieser Schreibweise nur nichtssagende Rechtecke. Die oberen Konturen bieten dem Leser in der Regel besseren Aufschluß über ein Wort als die unteren Konturen. Das kann man leicht nachprüfen, indem man nacheinander die obere und die untere Hälfte einer Zeile abdeckt und nachprüft, welche Hälfte man besser lesen kann, siehe auch Abbildung 1.23.

Mit diesem Argument begründet beispielsweise auch der Typograph Jan Tschichold in [Tsc65] die weitverbreitete Ansicht, daß Serifen entscheidend zu der Lesbarkeit einer Schrift beitragen. In einer serifenlosen Schrift sind z.B. die oberen Konturen der Buchstaben a, g, und q identisch, während sie sich bei Schriften mit Serifen unterscheiden. Außerdem weisen serifenlose Schriften vielfach Symmetrien in ihren Buchstaben auf, die durch Serifen aufgelöst werden. Diese Symmetrien führen häufig zu Verwechslungen. Besonders gefährdet sind hier die Buchstaben p, q, b, und d. Andere Autoren messen jedoch der Gewöhnung an bestimmte Schriftarten eine wesentlich größere Bedeutung bei als allen anderen Faktoren zusammen.

Quellen

Über den Charakter von Schriften und die richtigen Verfahren beim Mischen verschiedener Schriftstile findet man in [Lee79] und [SL85] nähere Angaben. Auch die Begriffe Ligatur und Unterschnitt werden dort erläutert. Der Begriff der technischen Qualität einer Schrift wird in [Sou86] eingeführt. Über optische Effekte und Lesbarkeitskriterien schreiben [Rub88], [Rud67] und [Tsc65].

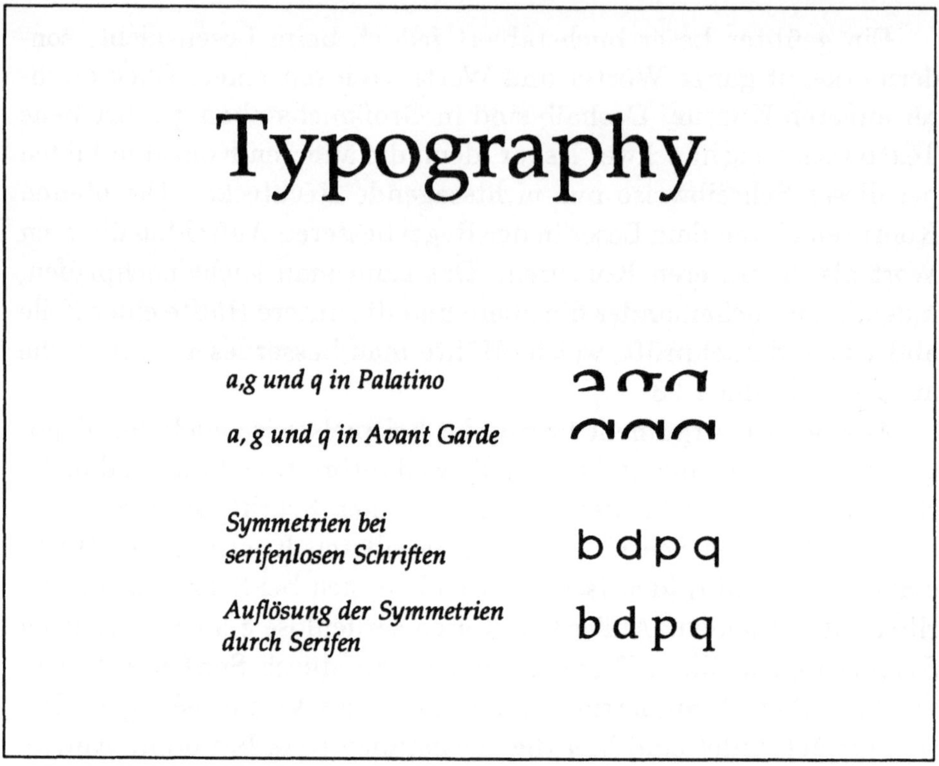

Typography

a,g und q in Palatino

a, g und q in Avant Garde

Symmetrien bei
serifenlosen Schriften

b d p q

Auflösung der Symmetrien
durch Serifen

b d p q

Abbildung 1.23 *Die Rolle von Konturen und Symmetrien für die Lesbarkeit von Schriften*

1.4 Schriften im Computersatz

In diesem Abschnitt werden die bisher erworbenen Kenntnisse über Schriften zur Text- und Dokumentenverarbeitung mit Hilfe von Personal Computern und Laserdruckern in Beziehung gesetzt. Zunächst einmal stellt sich die Frage, in welcher Form die Schriften dem Computersystem zur Verfügung stehen. Zum eigentlichen Satzvorgang, d.h. für die Entscheidung, wie die einzelnen Zeichen auf der Seite positioniert werden sollen, genügen die sogenannten Dicktentabellen als Informationen über die Schriften. Mit **Dickte** wird in der Fachsprache der Setzer die Breite eines Zeichens bezeichnet, und Dicktentabellen geben Informationen über die Breite der in einer Schrift zur Verfügung stehenden Zeichen. In manchen Systemen enthalten diese Tabellen neben den Maßen für die Breite der Zeichen auch noch zusätzliche Informationen, z.B. über die Höhe (Ausdehnung oberhalb der Schriftlinie) und die Tiefe (Ausdehnung unterhalb der Schriftlinie).

In der Regel will man jedoch einen Text nicht nur in einem abstrakten Sinne setzen, sondern man will das Satzergebnis auch sehen, sei es auf dem Bildschirm oder auf dem Drucker. Moderne Bildschirme und Laserdrucker benutzen zur Darstellung von Zeichen denselben Mechanismus. Sie können in einem (unsichtbaren) Raster von horizontalen und vertikalen Linien einzelne Schnittpunkte adressieren und schwarz einfärben. Jedes Zeichen setzt sich nun aus einer Gruppe von Punkten zusammen, die im Prinzip alle einzeln von dem Drucker oder dem Bildschirm angesteuert und eingefärbt werden müssen. Dieses Prinzip ist in Abbildung 1.24 illustriert. Die Dichte der adressierbaren Punkte nennt man auch die **Auflösung** des Ausgabegeräts. Sie wird üblicherweise in Punkten pro Zoll (engl.: dpi, dots per inch) oder Linien pro Zoll gemessen. Die Auflösung eines Ausgabegeräts bestimmt die Feinheit und den

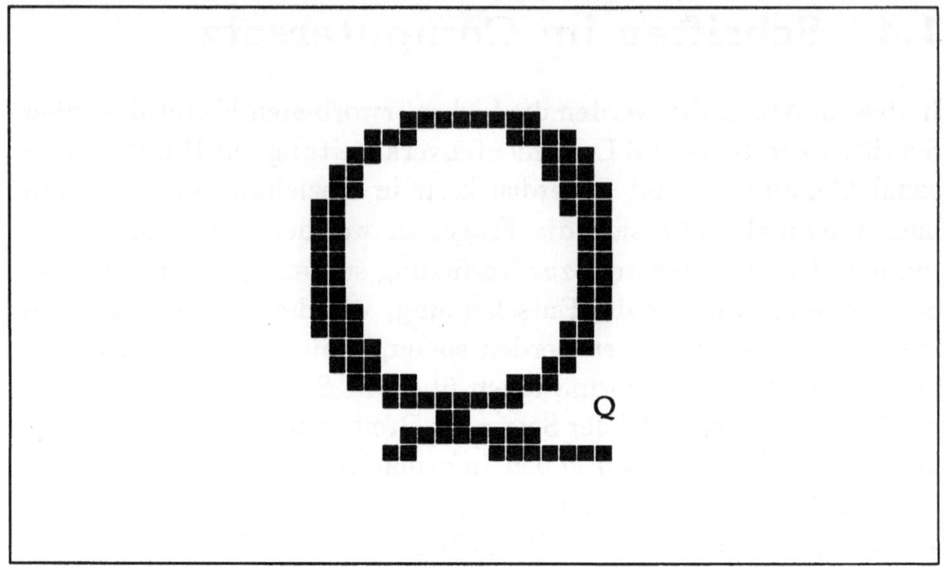

Abbildung 1.24 *Die Darstellung des Buchstaben Q als Punktemuster*

Detailreichtum der Darstellung, die mit diesem Gerät möglich ist.

Für Laserdrucker hat sich eine Auflösung von 300 dpi als Standard herauskristallisiert. Es sind jedoch heute mit der Lasertechnologie auch schon bessere Auflösungen von 400 oder 600 dpi in ähnlichem preislichen Rahmen realisierbar. Bei Bildschirmen sind die Auflösungen deutlich gröber. So hat zum Beispiel ein Macintosh II mit Schwarz-Weiß-Monitor bei 640 Punkten in horizontaler und 480 Punkten in vertikaler Richtung und einem Durchmesser von 12 Zoll eine Auflösung von ungefähr 66 dpi. Am Bildschirm wird man also in der Regel nur einen ungefähren Eindruck von dem endgültigen Druckresultat gewinnen können.

Die von einem Ausgabegerät adressierbaren Bildpunkte heißen im Computerjargon auch **Pixel**. Dieses Kunstwort ergibt sich aus einer Zusammenziehung von Picture und Element. Die einzelnen

Buchstaben einer Schrift müssen also am Ende in gerasterter Form, eben als Pixelmuster, bei dem Ausgabegerät vorliegen. Diese Pixelmuster sind entweder permanent im Drucker gespeichert, oder sie werden bei jedem Druckauftrag je nach Bedarf dem Drucker mitgeteilt, oder sie werden zu Beginn einer Sitzung in den Drucker geladen und stehen dann für mehrere Druckaufträge bis zum nächsten Abschalten des Druckers zur Verfügung (sogenannte *downloadable Fonts*).

Eine durchschnittliche Computer-Modern-Schrift benötigt im Rasterformat bei einer Auflösung von 300 dpi ca. 5 KB (Kilobyte) Speicherplatz. Für jeden Schriftgrad und für jeden Schriftschnitt, also auch für kursive und fette Varianten, werden eigene Pixeldaten benötigt. Will man also eine Schriftfamilie mit insgesamt 4 Varianten und 4 Schriftgraden in den Drucker laden, so benötigt man dafür einen Speicherplatz von 80 KB. Durchschnittlich stehen in einem Drucker zwischen 150 KB und 500 KB Speicherplatz für Schriften zur Verfügung. Infolgedessen führt das Verfahren des Rasterformats schnell zu Speicherplatzproblemen und damit zu einer Beschränkung der verwendbaren Schriften.

Ökonomischer wird mit dem Speicherplatz umgegangen, wenn der Drucker statt eines Pixelmusters eine Beschreibung des Buchstabenumrisses in Form von mathematischen Kurven erhält und dann selbst aus dieser **Outline-Beschreibung** das gewünschte Pixelmuster berechnet. Dieses Verfahren ist allerdings etwas zeitintensiver. Die mathematischen Kurven zur Beschreibung des Buchstabenumrisses können in unterschiedlichen Sprachen beschrieben sein, und die im Moment am weitesten verbreitete Sprache dieser Art ist **PostScript** von Adobe. Drucker, die die Sprache PostScript verstehen, werden demnach PostScript-fähig genannt. Schriften im Outline-Format können bisher nur von Druckern, nicht aber von Bildschirmen verarbeitet werden. Analog zu Pixelbeschreibungen können auch Schriftbeschreibungen im Outline-Format im Rechner permanent gespeichert sein oder nach Bedarf in den Drucker geladen werden.

Outline-Beschreibungen sind auflösungsunabhängig. Das bedeutet, daß man für wichtige Dokumente wie beispielsweise Bücher Probeausdrucke auf dem lokal vorhandenen Laserdrucker mit einer Auflösung von 300 dpi machen kann, den endgültigen Ausdruck jedoch mit denselben Schriften und somit auch demselben Zeilen- und Seitenumbruch auf einem professionellen Laserbelichter mit einer Auflösung von mehr als 1000 dpi vornehmen läßt.

Outline-Beschreibungen haben den weiteren Vorteil, daß sie größenunabhängig sind. PostScript-fähige Drucker benutzen für jeden Schriftschnitt nur eine einzige Outline-Beschreibung für jeden Buchstaben, die allerdings mit zusätzlichen *Hinweisen* für die Digitalisierung in unterschiedlichen Schriftgraden versehen wird. Durch die Interpretation dieser Hinweise kann aus einer einzigen Outline-Beschreibung eine echte Garnitur im Sinne von Abschnitt 1.1 errechnet werden. Die Hinweise sind jedoch Adobe's streng gehütetes Geheimnis und durch eine Codierung geschützt, so daß Fremdanbieter von Schriften sie nur nach einem entsprechenden Lizenzvertrag mit Adobe nutzen können.

Damit kommen wir zur Frage der Schriftlieferanten. Will man einen großen Anwendungsbereich von Dokumenten abdecken, so wird man bald mit den vorhandenen Schriften, die im Drucker eingebaut sind oder zusammen mit Textverarbeitungsprogrammen geliefert wurden, nicht mehr auskommen. In diesem Fall muß man auf unabhängige Anbieter von Schriften zurückgreifen. Für PostScript ist hier in erster Linie die Firma Linotype zu nennen. Linotype bietet eine ständig wachsende Auswahl aus ihrer Schriftbibliothek für professionelle Setzer im PostScript-Format an, und zwar unter Lizenz von Adobe. Für Schriften in Pixelformaten, insbesondere für den Laserjet II von Hewlett Packard, hat sich Bitstream einen guten Ruf in der Branche erworben. Insgesamt ist der Schriftenmarkt für Laien inzwischen jedoch ziemlich unüberschaubar geworden. So vergleicht beispielsweise Will-Harris in [Wil88] fünf Nachschnitte von Stanley Morisons berühmter Schriftfamilie Times und weist dabei beträchtliche Qualitätsunterschiede nach.

Worauf muß man neben der Qualität beim Kauf von Schriften noch achten? Auf jeden Fall sollte man sich vor dem Kauf vergewissern, daß die gewünschten Schriften nicht nur mit dem vorhandenen Drucker, sondern auch mit den verwendeten Programmen kompatibel sind. Eine wichtige Rolle spielt für unterschiedliche Anwendungen auch der zugrundeliegende Zeichensatz. Schriften, die im deutschsprachigen Raum eingesetzt werden sollen, benötigen beispielsweise nationale Sonderzeichen wie Umlaute und das ß. Wenn Zeichen dieser Art häufig vorkommen, ist es nicht nur wichtig, daß sie im Zeichensatz vorhanden sind, sondern auch, daß man sie von der Software aus, die man benutzt, *bequem* ansprechen kann. Bei einer deutschen Tastatur sollte es also möglich sein, die Umlaute auch über die Umlauttasten einzugeben.

In bezug auf Schriften ist es auch bei der Beschaffung von Software zur Textverarbeitung interessant zu wissen, wie Ligaturen und Unterschnitt behandelt werden. Die eleganteste Lösung besteht darin, daß in den Dicktentabellen neben Angaben über die Buchstabenbreiten auch Informationen darüber enthalten sind, welche Buchstabenpaare durch welche Ligatur ersetzt werden sollen, etwa f + i ← fi, und zwischen welchen Zeichenpaaren um wieviel unterschnitten werden soll. Natürlich ist das Ganze nur dann sinnvoll, wenn die verwendete Textverarbeitungssoftware diese Tabellen auch wirklich auswertet. Zu PostScript-Schriften gibt es Dicktentabellen, sogenannte AFM-Dateien (AFM=Adobe Font Metric), die Ligatur- und Unterschnittinformationen enthalten, jedoch von einigen Textverarbeitungsprogrammen ignoriert werden. Bestenfalls ist Unterschnitt dann im Einzelfall per Hand möglich, was natürlich für längere Texte völlig indiskutabel ist, und Ligaturen müssen über merkwürdige Tastenkombinationen wie gleichzeitiges Anschlagen der Kommando-Taste, der Umstelltaste und der Ziffer 5 für die fi-Ligatur explizit eingegeben werden.

Quellen

Eine schöne Einführung in das Thema *Schriften und Computersatz* ist in [Rub88] enthalten. Eine Einführung in PostScript findet man in [Ado85] und [Vol88]. Bevor man PostScript-Schriften oder PostScript-Drucker einsetzt, die nicht von Adobe lizensiert sind, empfiehlt sich die Lektüre von [DEG*88]. Der Ansatz von Bitstream, qualitativ hochwertige Schriften für Laserdrucker zur Verfügung zu stellen, ist in [Col87] näher beschrieben. Zu dem hier nicht näher behandelten Problem des Copyrights von Schriften gibt es einen sehr informativen Artikel in TUGBOAT, siehe [Big86].

1.5   Schriften mit TEX

Wir betrachten jetzt, auf welche Weise ein spezielles Satzsystem, nämlich TEX, sich der verschiedenen Schriften und ihrer Varianten bedient. TEX arbeitet in mehreren Schritten. In einem ersten Schritt wird der Text erfaßt und mit Satzkommandos versehen. Damit man die Satzkommandos von normalem Text unterscheiden kann, werden sie mit einem Sonderzeichen, dem Backslash (\), eingeleitet. TEX kennt in der mitgelieferten Schriftfamilie Computer Modern unter anderem die Schnitte Roman (normal), Italic (kursiv), Slanted (geneigt), Boldface (fett), Boldface-Italic (fettkursiv) und Boldface-Slanted (fett-geneigt). In Erweiterung des üblichen Konzeptes von Schriftfamilien enthält die Familie Computer Modern auch noch Schnitte wie Typewriter (Schreibmaschine) oder Sans Serif (serifenlos). Außerdem stehen TₑX noch besondere Schriften für den Satz mathematischer Formeln zur Verfügung, die in einem späteren Kapitel behandelt werden. Das Umschalten in die gebräuchlichsten dieser Schnitte erfolgt mit den Kommandos aus der folgenden Tabelle:

Roman	Italic	Slanted	Boldface	Typewriter	Sans Serif
\rm	\it	\sl	\bf	\tt	\sf

Das Umschalten in die anderen Schnitte wird weiter unten behandelt. Voreingestellt ist immer der Schriftschnitt Roman.

Um einen *Fachausdruck* mit kursiver Schrift hervorzuheben, verwendet man also die folgenden Befehle:

```
Um einen \it Fachausdruck \rm mit kursiver
Schrift hervorzuheben, verwendet man also die
folgenden Befehle:
```

Als Alternative kann man den Wirkungsbereich eines Schriftwechsels durch geschweifte Klammern begrenzen. Nach einem solchen lokalen Schriftwechsel wird dann in die vorher gültige Schrift zurückgeschaltet.

```
Um einen {\it Fachausdruck} mit kursiver
Schrift hervorzuheben, verwendet man also die
folgenden Befehle:
```

Dabei sind die geschweiften Klammern, wie auch der Backslash, spezielle Zeichen für TₑX, die nicht im gedruckten Text erscheinen. Natürlich gibt es auch Befehle, mit denen man diese speziellen Zeichen im Text erzeugen kann.

Eine kleine Feinheit ist bei dem Übergang von einer kursiven zu einer geradegestellten Schrift noch zu beachten. In kursiver Schrift geschriebene Wörter ragen nämlich rechts in den nachfolgenden Wortzwischenraum hinein. Das wird wieder ausgeglichen, wenn das nachfolgende Wort ebenfalls kursiv geschrieben ist, da dieses Wort sich dann entsprechend von dem betrachteten Wortzwischenraum wegneigt. Ist jedoch das nachfolgende Wort in normaler Schrift geschrieben, so wirkt der Wortzwischenraum optisch verkürzt, vgl. die Wortzwischenräume „*M M*", „*M* M" und „M M". Deshalb verfügt TEX über die Möglichkeit der sogenannten *Italic Correction* durch den Befehl \/ (Backslash und Slash), der bei Wortzwischenräumen zwischen einer schräg und einer gerade laufenden Schrift für einen optischen Ausgleich sorgt. Der durch \/ eingefügte horizontale Zwischenraum hängt von der vorhergehenden Schrift und dem letzten Buchstaben ab. Beispielsweise benötigt *M* eine größere Italic Correction als *m*, und in einer senkrecht laufenden Schrift wie Computer Modern Roman ist die Italic Correction auf 0 gesetzt. Unser Beispiel müßte richtig also folgendermaßen eingegeben werden.

```
Um einen {\it Fachausdruck\/} mit kursiver
Schrift hervorzuheben, verwendet man also die
folgenden Befehle:
```

Die vordefinierten Befehle zum Schriftwechsel wie \rm, \it, \sl etc. schalten immer in eine Schriftgröße von 10 p um. Um andere Grade oder Schnitte benutzen zu können, muß man ein neues Schriftwechselkommando deklarieren.

```
\font\bfsl=cmbxsl10
\font\fussnotenschrift=cmr9
```

Eine Schriftdeklaration besteht also aus dem Kommando \font, dem Namen, den man intern in der TEX-Eingabe für den Font benutzen möchte, gefolgt von einem Gleichheitszeichen, und dem externen Namen, unter dem der Font dem Betriebssystem des Computers bekannt ist. Die externen Namen beginnen in der Regel mit den Buchstaben cm für Computer Modern, gefolgt von einem Kürzel für den Schnitt (r für Roman, bx für Boldface) und der Größenangabe in Punkt. Anschließend an eine Schriftdeklaration kann man die neu definierten internen Namen analog zu den vordefinierten Namen verwenden.

Es ist auch möglich, schon vorhandene Namen umzudefinieren. Nach den Deklarationen

```
\font\rm=cmr12
\font\it=cmti12
```

wird auf die Befehle \rm bzw. \it hin in 12 p statt in 10 p gesetzt.

Ebenso ist es möglich und oft auch vernünftig, dieselbe externe Schrift unter verschiedenen internen Namen anzusprechen. Die Deklarationen

```
\font\grundschrift=cmr10
\font\zitatschrift=cmr10
```

und die entsprechende Auszeichnung von normalem Text mit dem Befehl **\grundschrift** und von Zitaten mit **\zitatschrift** bewirken, daß sowohl normaler Text als auch Zitate in 10 p in der Schrift Computer Modern Roman gesetzt werden. Man hält sich aber die Option offen, später durch Änderung einer einzigen Deklaration, etwa

```
\font\zitatschrift=cmr8
```

gleichzeitig alle Zitate statt in 10 p in 8 p zu setzen.

Welche Schriften TEX zur Verfügung stehen und welche externen Namen demzufolge in einer Fontdeklaration angesprochen werden können, hängt von der lokalen Installation ab. In der Regel

ist jedoch ein ausreichender Grundstock an Schnitten und Graden
vorhanden. Beispielsweise enthält die Garnitur Computer Modern
Roman normalerweise die Elemente cmr5, cmr6, cmr7, cmr8, cmr9,
cmr10, cmr12 und cmr17.

Nachdem mit Hilfe eines gewöhnlichen Texteditors der Text und
die Satzkommandos eingegeben worden sind, kommt in einem zweiten Schritt das Programm TeX selbst zum Zuge. TeX führt, unter
Berücksichtigung der vom Autor eingegebenen Befehle, im wesentlichen den Zeilen- und den Seitenumbruch durch, d.h. es verteilt den
Text auf Zeilen und Spalten. Als Ergebnis erzeugt es eine DVI-
Datei (DVI steht für device independent), die für jede Seite des er-
zeugten Dokuments genau beschreibt, an welche Position der Seite
welches Zeichen aus welcher Schrift zu setzen ist. Die DVI-Datei
enthält noch keine geräteabhängigen Angaben. Dadurch garantiert
das DVI-Konzept, daß TeX auf jeder Installation überall in der
Welt aus ein- und demselben Eingabetext auch ein- und dieselbe
Ausgabe erzeugt.

Damit nun ein Ausgabegerät mit einer solchen DVI-Datei auch
etwas anfangen kann, benötigt man in einem dritten Schritt einen
Gerätetreiber, der das DVI-Format in ein gerätespezifisches Format umwandelt. Ist das Ausgabegerät ein Bildschirm, so spricht
man auch von einem Preview-Programm, da ein Bildschirm sozusa-
gen einen Vorabblick auf das gedruckte Dokument ermöglicht. Ein
Drucker dagegen, zusammen mit einem Druckertreiber, liefert eine
gedruckte Version des Dokuments.

Die Vorgänge des Setzens (TeX) und des Druckens (Gerätetreiber) benötigen jeweils unterschiedliche Informationen über die
verwendeten Schriften. Für TeX ist jedes Zeichen einfach eine Box
mit einer Breite, einer Höhe, einer Tiefe und einem Referenzpunkt
auf der linken Seite der Box in Höhe der Schriftlinie, siehe Abbildung 1.25. Die Maße der Boxen entnimmt TeX dabei den TFM-

Dateien (TFM=TEX Font Metric). Das Setzen eines Wortes bedeutet für TEX nichts anderes als das Aneinanderreihen solcher Boxen. Die Abstände zwischen den Buchstabenboxen (Unterschnitt!) entnimmt TEX ebenso wie Ligatur-Informationen den TFM-Dateien. Allein aus diesen metrischen Angaben berechnet TEX die zum Setzen erforderlichen Maße wie Zeilenlänge, Zeilenabstand und Seitenhöhe. Erst die Gerätetreiber müssen die leeren Buchstabenboxen mit Pixelmustern füllen. Dazu greifen sie auf Pixelinformationen zurück, die getrennt von den von TEX verwendeten TFM-Daten gespeichert werden. TEX selbst kommt also mit relativ wenigen Schriftdaten aus. Eine TFM-Datei für Computer Modern Roman benötigt nur einen kleinen Teil (ca. 20%) des Speicherplatzes, den die zugehörige Pixeldatei für eine Auflösung von 300 dpi einnimmt. Das trägt dazu bei, daß TEX trotz seiner leistungsfähigen Satzalgorithmen, auf die in den späteren Kapiteln noch eingegangen wird, einigermaßen effizient arbeiten kann. Wichtiger ist jedoch die Tatsache, daß das Setzen mit TEX durch die TFM-Dateien und die DVI-Dateien unabhängig von den später verwendeten Ausgabegeräten und ihren Auflösungen ist. Der Ablauf der verschiedenen Vorgänge ist in Abbildung 1.25 dargestellt.

Quellen

Eine vollständige Dokumentation von TEX aus der Sicht des Autors/Setzers findet sich in [Knu86]. Mit [Sch88] steht inzwischen auch eine deutsche Einführung zur Verfügung. Beschreibungen der DVI-, TFM- und Pixel-Dateien sind in verschiedenen Artikeln in TUGBOAT, der Mitgliederzeitschrift der TEX Users Group, erschienen, siehe [Fuc82], [Fuc81] und [Rok85]. Schließlich gibt [Bru87c] Aufschluß über die Verwendung von TEX-Schriften in professionellen Lichtsetzanlagen.

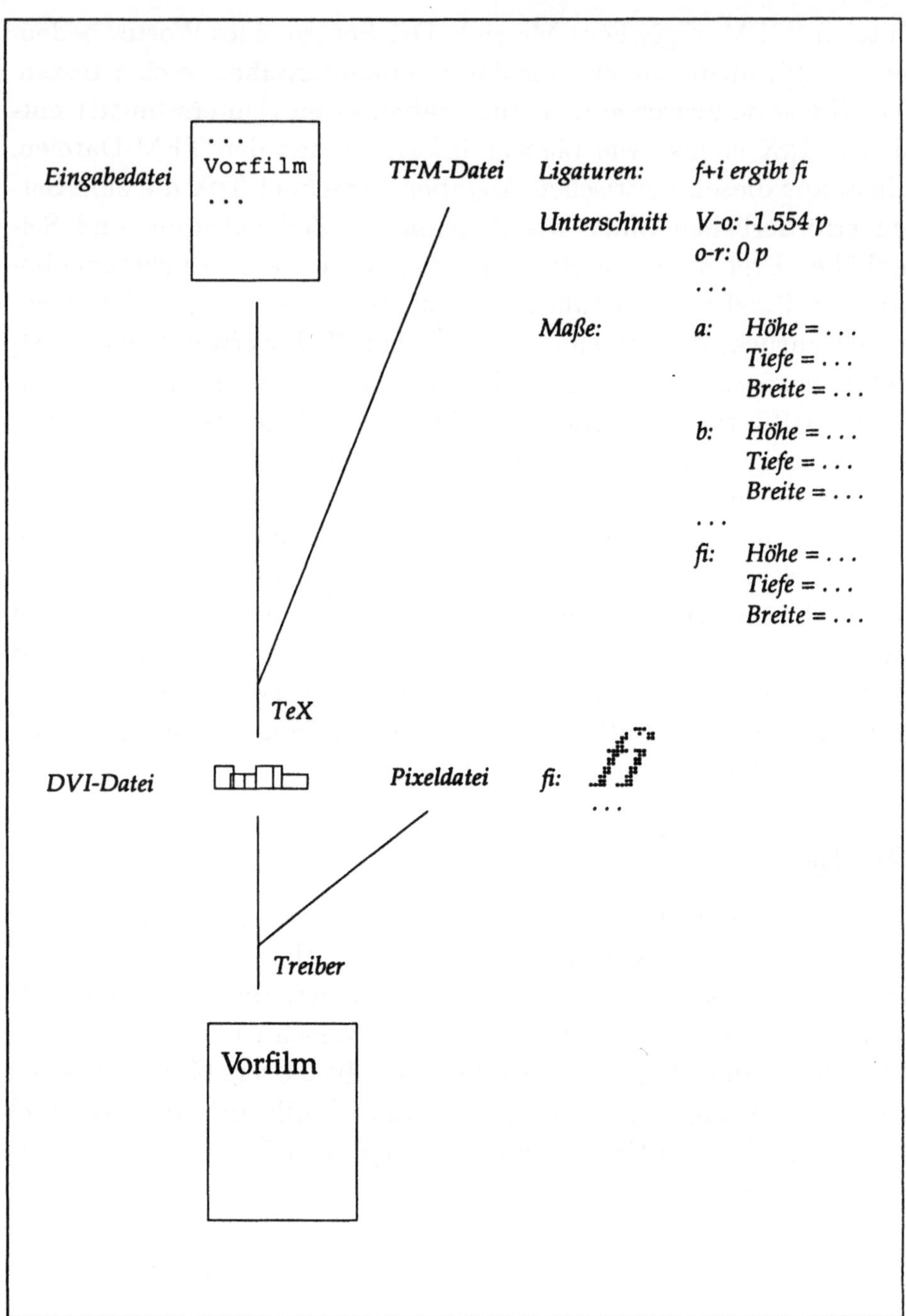

Abbildung 1.25 Boxen in TeX

Kapitel 2

Absätze und Zeilenumbruch

2.1 Design

Im ersten Kapitel haben wir uns mit dem Mikrokosmos der Textverarbeitung beschäftigt, nämlich mit der Gestalt von Buchstaben und dem Zusammensetzen von Buchstaben zu Wörtern. Nur in den Lochstreifenausdrucken der Fernschreiber kann man jedoch Buchstaben um Buchstaben beliebig oft aneinanderreihen. In allen anderen Bereichen, sei es in der Geschäftskorrespondenz, dem Versandhauskatalog oder dem Satz von Büchern und Zeitschriften, zwingt die begrenzte Ausdehnung des Papiers dazu, die Wörter und Sätze eines Absatzes auf verschiedene Zeilen aufzuspalten. Dieser sogenannte Zeilenumbruch, eng verknüpft mit dem Vorgang der Silbentrennung, kann inzwischen mit Computerprogrammen automatisiert werden und ist in dem Funktionsumfang eines jeden Programms zur Textverarbeitung enthalten. Mit den unterschiedlichen Verfahren, auch Algorithmen genannt, die dabei angewendet werden, setzen wir uns in dem nachfolgenden Abschnitt auseinander. In diesem Abschnitt geht es zunächst um die vom menschlichen Benutzer eines Textverarbeitungsprogramms gesetzten Parameter, die das Layout eines Absatzes bestimmen und oft großen Einfluß auf die Lesbarkeit eines Textes haben.

Die auffälligsten Unterschiede in der Form eines Absatzes ergeben sich durch die Behandlung der linken und rechten Ränder. In den seltensten Fällen füllt nämlich eine Zeile die vorgegebene Zeilenlänge ganz aus. Ist die Zeile zu kurz, so kann der überschüssige Leerraum entweder gleichmäßig auf alle Wortzwischenräume verteilt werden, oder er kann am Ende bzw. am Anfang der Zeile gesammelt werden, oder er kann je zur Hälfte am Anfang und am Ende der Zeile untergebracht werden. Je nachdem erhält man einen beidseitig glatten Rand (**Blocksatz**), einen linksbündigen Satz mit geradem linken und ungleichmäßigem rechten Rand (rechtsseitiger **Flattersatz**), einen rechtsbündigen Satz mit ungleichmäßigem linken und geradem rechten Rand (linksseitiger Flattersatz) oder, im letzten Fall, **zentrierten Satz** mit beidseitig ungleichmäßigen Rändern.

Blocksatz und linksbündiger Satz sind die vorherrschenden Absatzformen. Beide Formen werden für fortlaufenden Text verwendet. Linksbündigen Satz findet man immer in Gedichten und sehr oft in Überschriften. Rechtsbündiger Satz ist wesentlich ungewöhnlicher, man findet ihn jedoch bei Zitaten und Mottos, vgl. [Knu86]. Zentrierter Satz ist typisch für Titelseiten in Büchern und für Urkunden. Abbildung 2.1 zeigt die verschiedenen Absatzformen.

Der Anfang eines Absatzes ist entweder durch freien Platz oberhalb des Absatzes oder durch eine Einrückung der ersten Zeile nach rechts, den **Einzug**, gekennzeichnet. Absätze, die durch einen Einzug und nicht durch vertikalen Freiraum von ihrer Umgebung abgesetzt sind, erzeugen ein ruhiges Seitenbild und werden deshalb oft bevorzugt. Der Einzug hängt von der verwendeten Schriftgröße ab. Er sollte deutlich sichtbar, aber nicht übertrieben groß sein. Als Richtzahl dient eine von der Schrift und dem verwendeten Grad abhängige Einheit, das **Em**. Das Em entspricht der Breite

A well-designed book means one that is (a) appropriate to its content and use, (b) economical, and (c) satisfying to the senses. It is not a "pretty" book in the superficial sense and it is not necessarily more elaborate than usual.

A well-designed book means one that is (a) appropriate to its content and use, (b) economical, and (c) satisfying to the senses. It is not a "pretty" book in the superficial sense and it is not necessarily more elaborate than usual.

A well-designed book means one that is (a) appropriate to its content and use, (b) economical, and (c) satisfying to the senses. It is not a "pretty" book in the superficial sense and it is not necessarily more elaborate than usual.

A well-designed book means one that is (a) appropriate to its content and use, (b) economical, and (c) satisfying to the senses. It is not a "pretty" book in the superficial sense and it is not necessarily more elaborate than usual.

Abbildung 2.1 Die vier Absatzformen: beidseitig ausgeglichener, zentrierter, linksbündiger und rechtsbündiger Satz

des Großbuchstabens *M* und stimmt meistens mit dem Schriftgrad überein. Ein Em in einer 12 p-Schrift beträgt also normalerweise auch 12 p, und dementsprechend ist 12 p ein guter Anhaltswert für den Einzug eines mit einer 12 p-Schrift geschriebenen Absatzes.

Spezielle Absatzformen findet man bei Aufzählungen oder Literaturverzeichnissen. Hier sind alle Zeilen bis auf die erste gleichmäßig nach rechts eingerückt, und die erste Zeile beginnt mit einer speziellen Markierung, etwa einer Numerierung oder einem Gedankenstrich. Ebenso kann es vorkommen, daß ein Absatz mit ungleichmäßigen Zeilenlängen um ein Bild im Text *herumfließt.*

Weitere Absatzformen dienen hauptsächlich dem Schmuck der Seite. Bekannt ist aus alten Bibeln die Ausschmückung des Absatzanfangs mit dekorativen Initialen. Eine weitere Möglichkeit besteht darin, die ersten Wörter oder die ganze erste Zeile eines Absatzes in einer besonderen Schrift zu setzen. Beispiele findet man in Abbildung 2.2.

Eine der wenigen quantifizierten Regeln in der Typographie bezieht sich auf die optimale Zeilenlänge von Absätzen. Und zwar sollte, um bestmögliche Lesbarkeit zu garantieren, die Zeilenlänge so gewählt werden, daß zwischen 50 und 70 Zeichen in eine Zeile passen. Bei weniger als 50 Zeichen pro Zeile führt der Zeilenumbruch zu unregelmäßigen und übermäßig großen Wortzwischenräumen, wie man es von Zeitungen und Zeitschriften mit schmalen Spalten kennt. Bei mehr als 70 Zeichen pro Zeile kann der Text einer ganzen Zeile nicht mehr ohne Augenblinzeln und anschließendes Fokussieren gelesen werden, so daß der Lesevorgang unnötig gebremst wird. Weiter ergibt sich bei einem Blickwinkel von 4 Grad und einem normalen Abstand von 40 cm zwischen Auge und Text eine maximale Zeilenlänge von 12,7 cm, die ohne ermüdende Kopfbewegungen erfaßt werden kann. Das entspricht bei einer 10 p-Schrift durchschnittlich 70–80 Buchstaben pro Zeile. Abbildung 2.3 zeigt Beispiele für im Verhältnis zur Schriftgröße extrem große, optimale und zu kleine Zeilenlängen.

Die wichtigsten Parameter, die für die Lesbarkeit eines Absatzes verantwortlich sind, sind Schriftgröße, Zeilenlänge, Wortzwischenräume und Zeilenabstand. Diese Parameter stehen wechselseitig zueinander in Beziehung. Die Abhängigkeit zwischen Schriftgröße und Zeilenlänge ergibt sich aus der wünschenswerten Anzahl von Buchstaben pro Zeile. Der optimale Wortzwischenraum entspricht ungefähr der Breite des Buchstabens I. Ein zu enger Wort-

A well-designed book means one that is (a) appropriate to its content and use, (b) economical, and (c) satisfying to the senses. It is not a "pretty" book in the superficial sense and it is not necessarily more elaborate than usual.

A well-designed book means one that is (a) appropriate to its content and use, (b) economical, and (c) satisfying to the senses. It is not a "pretty" book in the superficial sense and it is not necessarily more elaborate than usual.

A WELL-DESIGNED BOOK MEANS ONE THAT IS (a) appropriate to its content and use, (b) economical, and (c) satisfying to the senses. It is not a "pretty" book in the superficial sense and it is not necessarily more elaborate than usual.

A WELL-DESIGNED BOOK means one that is (a) appropriate to its content and use, (b) economical, and (c) satisfying to the senses. It is not a "pretty" book in the superficial sense and it is not necessarily more elaborate than usual.

Abbildung 2.2 *Dekorativ ausgestaltete Absätze*

> A well-designed book means one that is (a) appropriate to its content and use, (b) economical, and (c) satisfying to the senses. It is not a "pretty" book in the superficial sense and it is not necessarily more elaborate than usual.
>
> A well-designed book means one that is (a) appropriate to its content and use, (b) economical, and (c) satisfying to the senses. It is not a "pretty" book in the superficial sense and it is not necessarily more elaborate than usual.
>
> A well-designed book means one that is (a) appropriate to its content and use, (b) economical, and (c) satisfying to the senses. It is not a "pretty" book in the superficial sense and it is not necessarily more elaborate than usual.

Abbildung 2.3 *Die Lesbarkeit eines Absatzes wird sowohl durch zu große als auch durch zu kleine Zeilenlängen behindert.*

zwischenraum erschwert die Abteilung der einzelnen Wörter beim Lesen, und bei zu großen Wortabständen verliert man sehr leicht die Orientierung in der Zeile. Abbildung 2.4 zeigt Beispiele für zu kleinen, optimalen und zu großen Wortabstand.

Das dritte Beispiel in Abbildung 2.4 zeigt auch die Wechselwirkung zwischen Wortabständen und Zeilenabständen. Wird nämlich der Platz zwischen den Wörtern größer als der Platz zwischen den Zeilen, so geht die horizontale Ausrichtung am Zeilenband verloren, und statt dessen entsteht der Eindruck von vertikalen Spalten. Dieser Effekt tritt, wie in Abbildung 2.5 zu sehen, auch bei Schreib-

A well-designed book means one that is (a) appropriate to its content and use, (b) economical, and (c) satisfying to the senses. It is not a "pretty" book in the superficial sense and it is not necessarily more elaborate than usual.

A well-designed book means one that is (a) appropriate to its content and use, (b) economical, and (c) satisfying to the senses. It is not a "pretty" book in the superficial sense and it is not necessarily more elaborate than usual.

A well-designed book means one that is (a) appropriate to its content and use, (b) economical, and (c) satisfying to the senses. It is not a "pretty" book in the superficial sense and it is not necessarily more elaborate than usual.

Abbildung 2.4 *Zu kleine, optimale und zu große Wortabstände*

maschinentexten mit einfachem Zeilenabstand auf. Dies ist ein weiterer Grund dafür, daß Schreibmaschinentexte relativ schlecht zu lesen sind.

Der freie Platz zwischen den Zeilen heißt **Durchschuß**. Rein rechnerisch kann man den Durchschuß als Differenz zwischen dem Zeilenabstand, also dem Abstand der Grundlinien, und dem Schriftgrad berechnen. Der Schriftgrad ist aber nur eine nominelle Eingenschaft einer Schrift. Wie groß eine Schrift vom Erscheinungsbild her tatsächlich wirkt, hängt jedoch auch davon ab, wie stark sie die durch den Grad vorgegebenen Grenzen ausschöpft und wie

```
A well-designed book means one that is
(a) appropriate to its content and use,
(b) economical, and (c) satisfying to the senses.
It is not a ''pretty'' book in the superficial
sense and it is not necessarily more elaborate
than usual.
```

Abbildung 2.5 *Spaltenbildung in Schreibmaschinentexten mit einfachem Zeilenabstand*

groß ihre Mittellänge ist. Die Bemessung des Durchschusses ist deshalb mehr eine Frage des visuellen Urteils als der Mathematik. Abbildung 2.6 illustriert visuelle Unterschiede im Durchschuß bei gleichbleibendem Zeilenabstand. Abbildung 2.7 demonstriert den Einfluß des Durchschusses bei gleichbleibendem Schriftgrad und identischer Zeilenlänge.

Die Aufgabe des Durchschusses besteht darin, die Zeilenbänder voneinander zu trennen, damit der Leser eine Zeile ohne Ablenkung von links nach rechts verfolgen kann. Zusätzlich dient der freie Platz zwischen den Zeilen bei dem Weg vom Ende der einen Zeile zum Anfang der nächsten dem Auge als Führungslinie. Lange Zeilen und große Mittellängen erfordern mehr Durchschuß als kurze Zeilen und kleine Mittellängen. Kleinere Schriftgrade (9 p und weniger) benötigen proportional mehr Durchschuß als größere Grade, da sie schlechter lesbar sind. Bei einer 10 p-Schrift und einer Zeilenlänge von 10 cm reicht in der Regel ein Durchschuß von 1 p, während 8 p- oder 12 p-Schriften eher einen Durchschuß von 2 p benötigen.

Innerhalb der durch die Forderung nach Lesbarkeit vorgegebenen Grenzen bleibt jedoch für den Durchschuß noch genügend Spiel-

<table>
<tr>
<td>A well-designed book means one that is (a) appropriate to its content and use, (b) economical, and (c) satisfying to the senses. It is not a "pretty" book in the superficial sense and it is not necessarily more elaborate than usual.</td>
<td>A well-designed book means one that is (a) appropriate to its content and use, (b) economical, and (c) satisfying to the senses. It is not a "pretty" book in the superficial sense and it is not necessarily more elaborate than usual.</td>
<td>*A well-designed book means one that is (a) appropriate to its content and use, (b) economical, and (c) satisfying to the senses. It is not a "pretty" book in the superficial sense and it is not necessarily more elaborate than usual.*</td>
</tr>
</table>

Abbildung 2.6 *Visuelle Unterschiede im Durchschuß bei gleichbleibendem Zeilenabstand und verschieden Schriften gleichen Grades.*

raum, um den Charakter eines Textes zu beeinflussen. So wirkt ein knapper Durchschuß eher streng und sachlich. Textbücher und wissenschaftliche Zeitschriften sind meistens mit platzsparendem, knappem Durchschuß gesetzt. Ein reichlicher Durchschuß dagegen suggeriert Großzügigkeit und Platz für Phantasie. Kostbare Kunstbände sind oft mit generösem Durchschuß gesetzt.

Die meisten Textverarbeitungsprogramme bieten die Funktionen des Blocksatzes, des linksseitigen und des rechtsseitigen Flattersatzes und des zentrierten Satzes an. Auch Einzug in der ersten Zeile oder in allen bis auf die erste Zeile für Aufzählungen und Listen gehört zum Standardrepertoire. Besondere Absatzformen wie Absätze mit Initialen sind seltener anzutreffen. Wichtiger ist jedoch eine gute Kontrolle über den Zeilenabstand. Systeme wie MacWrite, die nur einzeiligen, eineinhalbzeiligen und zweizeiligen

A well-designed book means one that is (a) appropriate to its content and use, (b) economical, and (c) satisfying to the senses. It is not a "pretty" book in the superficial sense and it is not necessarily more elaborate than usual.

A well-designed book means one that is (a) appropriate to its content and use, (b) economical, and (c) satisfying to the senses. It is not a "pretty" book in the superficial sense and it is not necessarily more elaborate than usual.

A well-designed book means one that is (a) appropriate to its content and use, (b) economical, and (c) satisfying to the senses. It is not a "pretty" book in the superficial sense and it is not necessarily more elaborate than usual.

A well-designed book means one that is (a) appropriate to its content and use, (b) economical, and (c) satisfying to the senses. It is not a "pretty" book in the superficial sense and it is not necessarily more elaborate than usual.

A well-designed book means one that is (a) appropriate to its content and use, (b) economical, and (c) satisfying to the senses. It is not a "pretty" book in the superficial sense and it is not necessarily more elaborate than usual.

Abbildung 2.7 *Die Auswirkungen des Durchschusses bei gleichbleibender Zeilenlänge und Schriftgröße*

Zeilenabstand kennen, kleben zu sehr an dem Funktionsumfang von Schreibmaschinen und sind für typographisch anspruchsvolle Gestaltung zu beschränkt.

Ein brauchbares Textverarbeitungssystem muß es zudem erlauben, vom System auf Grund der verwendeten Schriften automatisch berechnete Zeilenabstände zugunsten expliziter Werte außer Kraft zu setzen. Ebenso ist eine automatische Kopplung von Maßen wie Zeilenlänge, Einzug oder Randbreite an die verwendete Schrift, wie sie beispielsweise in der zur Zeit noch aktuellen Version von WordPerfect implementiert ist, zumindest eine Erschwernis bei der typographischen Gestaltung eines Dokuments.

Die Lesbarkeit eines Absatzes hängt aber nicht nur von seiner typographischen Gestalt ab. Wichtig ist auch die semantisch sinnvolle Aufteilung des Textes auf die Zeilen. Obwohl man hier, wenn man eine möglichst gleichmäßige Füllung der Zeilen mit Text anstrebt, nicht viele Freiheiten hat, sollte man doch einige psychologisch schlechte Umbruchstellen vermeiden. Dazu gehört beispielsweise ein Umbruch zwischen einem allgemeinen, generischen und einem individuellen Bezeichner, wie in Kapitel˜2 oder Variable˜x. Ebensowenig sind Trennungen zwischen mehrteiligen Vornamen oder Nachnamen wünschenswert, auch nicht in sehr langen Namen wie Jan˜Willem van˜de˜Wetering. Auch Fallaufzählungen dürfen nicht für sich allein am Ende einer Zeile stehen; vgl. *(a)˜Lesbarkeit*. Bei den Beispielen wurde das geschützte Leerzeichen durch ˜ dargestellt.

Semantisch schlechte Zeilenumbrüche können noch nicht von Computerprogrammen automatisch verhindert werden. Hier ist die Mitarbeit des Autors/Setzers gefragt, der entsprechende Wortzwischenräume explizit schützen muß. Dafür reservieren die meisten Textverarbeitungsprogramme eine spezielle Tastenkombination, etwa die Kontrolltaste zusammen mit der Leertaste.

Quellen

Richtlinien über die Gestaltung von Absätzen im Sinne der Lesbarkeit bieten [Lee79] und [Rub88], wobei insbesondere [Rub88] auch Hinweise auf weiterführende Literatur zu Lesbarkeitstests enthält. In [Knu86] findet sich ein Katalog semantisch schlechter Zeilenumbrüche. Beispiele für die verschiedensten Absatzformen kann man in [Ric78] nachschlagen.

2.2 Algorithmen

Schon die Schreiber des Mittelalters bemühten sich darum, den Text eines Absatzes möglichst gleichmäßig auf die verschiedenen Zeilen zu verteilen. Dabei griffen sie zu unterschiedlich breiten Varianten desselben Buchstabens, zu Ligaturen und insbesondere zu einer Fülle von Abkürzungen. Gutenberg, der seine gedruckte Bibel den geschriebenen Vorbildern so ähnlich wie möglich machen wollte, arbeitete deshalb mit einem Satz von 290 verschiedenen Typen. Tatsächlich erzielte er auf diese Weise vollkommen gleichmäßige Wortzwischenräume und einen glatten rechten Rand. Gutenbergs Methode war jedoch sehr arbeitsintensiv und diente wegen der vielen Abkürzungen auch eher der Ästhetik als der Lesbarkeit.

Gutenbergs Nachfolger variierten nicht länger die Buchstaben einer Zeile, sondern statt dessen die Wortzwischenräume. Durch Dehnen und Stauchen der Wortzwischenräume, auch **Ausschließen** genannt, läßt sich eine Zeile nämlich ebenfalls auf ein vorgegebenes Maß zurechttrimmen, um einen geraden rechten Rand zu erreichen. Der Vorgang des Zeilenumbruchs zerfällt damit in zwei Phasen, nämlich in das Festlegen der Zeilengrenzen und in das Ausschließen der Zeilen auf ein vorgegebenes Maß. Das Festlegen der Zeilengrenzen ist dabei der weitaus schwierigere Teil, denn von ihm hängt das Gleichmaß der Zeilenfüllung und damit die Qualität des Gesamtumbruchs entscheidend ab. Mechanische Setzverfahren nahmen deshalb den Setzern im Zuge der Industrialisierung gegen Ende des vorigen Jahrhunderts zunächst die Aufgabe des Ausschließens ab. Erst seitdem in den fünfziger Jahren der Computersatz Einzug in die Setzereien hielt, ist auch das Festsetzen der Zeilengrenzen automatisiert, und in Textverarbeitungssystemen auf Personal Computern betrachten wir heute automatischen Zeilenumbruch[1] und automatischen Zeilenausschluß als selbstverständliche Funktionen.

Das einfachste Verfahren zum Zeilenumbruch ist uns allen von der Schreibmaschine her vertraut. Eine Zeile wird so lange mit Wörtern angefüllt, bis nahe dem Zeilenende das nächste Wort nicht mehr in die Zeile hineinpaßt. Vor diesem kritischen Wort wird dann ein Zeilenumbruch vorgenommen, und das kritische Wort beginnt eine neue Zeile. Läßt das kritische Wort eine Silbentrennung zu, so kann man versuchen, statt des ganzen Wortes noch ein Teilwort mit Trennstrich in der alten Zeile unterzubringen und dann mit dem entsprechenden Restwort die neue Zeile zu eröffnen.

Dieses Verfahren ist vielfach auf den Computersatz übertragen worden. Zusätzlich muß jetzt nur berücksichtigt werden, daß beim Ausschließen die Wortzwischenräume gedehnt oder gestaucht werden können. Wie bei dem Schreibmaschinenalgorithmus füllt auch ein automatisches Verfahren zum Zeilenumbruch zunächst die Zeile so weit an, bis das kritische Wort erreicht ist, durch das die Zeile zu voll würde. Dabei geht man von der normalen oder idealen Größe der Wortzwischenräume aus. Anders als bei der Schreibmaschine hat man nun jedoch mehrere Optionen, wie man weiter verfahren kann.

---

[1]Unter Zeilenumbruch soll im folgenden stets das Festlegen der Zeilengrenzen verstanden werden.

1. Man kann die Zeile so weit zusammenstauchen, daß das kritische Wort noch in die Zeile paßt. Dabei darf ein vorgegebener minimaler Wortzwischenraum nicht unterschritten werden.

2. Man kann die Zeile ohne das kritische Wort so weit dehnen, daß ein entsprechend vorgegebener maximaler Wortzwischenraum nicht überschritten wird.

3. Man kann das kritische Wort trennen, so daß einer der ersten beiden Fälle für ein Anfangsstück des kritischen Worts zutrifft.

Trifft eine der drei genannten Situationen zu, so führt sie auf jeden Fall zu einem akzeptablen Umbruch für die Zeile. Treten mehrere der drei Situationen gleichzeitig auf, so kann man sich die beste Lösung aussuchen. Als Maßstab wird man dabei den Betrag der Dehnung oder Stauchung wählen, der jeder Wortzwischenraum der Zeile ausgesetzt wird. Ist keine der drei Situationen gegeben, so wird man die Zeile trotzdem vor dem kritischen Wort beenden und die Wortzwischenräume über das gewünschte Maß dehnen müssen. In dem Fall ist die erzeugte Zeile eigentlich zu lose gesetzt.

Dieses Verfahren, bei dem an jedem Zeilenende die jeweils lokal beste Lösung für den Zeilenumbruch gewählt wird, nennen wir das **lokal optimierende Umbruchverfahren**. Nach dem gleichen Verfahren haben im Prinzip auch schon die menschlichen Setzer nach Gutenberg gearbeitet, allerdings mit einem großen Unterschied. Die menschlichen Setzer haben nämlich, im Unterschied zu Computerprogrammen, bei Problemfällen korrigierend eingegriffen. Problemfälle sind beispielsweise zu lose Zeilen, Worttrennungen in mehreren Zeilen hintereinander oder ein krasser Übergang von sehr losen zu sehr dicht gesetzten Zeilen. Ist etwa eine Zeile zu lose gesetzt, so kann man sie eventuell dadurch verbessern, daß man vorhergehende Zeilen etwas lockerer setzt und auf diese Weise noch ein Wort oder Wortteil in die lose Zeile überträgt. Eine andere Möglichkeit besteht darin, die Zeilen vor der zu losen Zeile etwas enger zu setzen, um so ein Wort aus der losen Zeile einzusparen. Auf diese Weise paßt dann vielleicht ein längeres Wort aus der nächsten Zeile noch mit in die lose Zeile hinein, so daß sie voller wird. Die Zeilen vor der zu losen Zeile sind danach zwar nicht mehr lokal optimal, aber immer noch lokal akzeptabel, und der Umbruch des ganzen Absatzes ist global gesehen besser geworden.

Ohne dieses menschliche Eingreifen findet man oft Umbrüche wie in Abbildung 2.8, mit teilweise sehr losen Zeilen und Worttrennungen in mehreren aufeinanderfolgenden Zeilen. Abbildung 2.8 illustriert noch eine andere Unart, zu der lokal optimierende Umbruchverfahren oft Zuflucht nehmen, wenn sie eine zu lose Zeile erzeugt haben. In dem Fall ist es sehr beliebt, den überschüssigen freien Platz nicht nur auf die Wortzwischenräume, sondern auch noch auf die Zwischenräume zwischen den Buchstaben zu verteilen. Einzelne Wörter oder Wortgruppen erscheinen dadurch gesperrt. Auf der einen Seite wird damit der gewohnte Wortumriß, auf den der eilige Leser zum Erkennen des Textes angewiesen ist, verzerrt, siehe Abschnitt 1.3. Auf der anderen Seite wird Sperrung traditionell auch als Mittel zur Hervorhebung eingesetzt, so daß ein Wort, das aus Gründen des Ausschließens gesperrt wird, eine ursprünglich gar nicht beabsichtigte Betonung erhält.

Abbildung 2.9 zeigt zwei Umbrüche desselben Absatzes. Der obere Umbruch ist nach einem lokal optimierenden Verfahren erzeugt worden. Die viertletzte Zeile ist etwas zu lose gesetzt. Ein besserer Umbruch kann erzielt werden, wenn in der fünften Zeile das Wort *better* ganz in die Zeile hineingenommen wird. Dadurch ist die fünfte Zeile in dem unteren Umbruch geringfügig dichter als in dem oberen Umbruch. Als Konsequenz kann dafür jedoch das

> Take a look at the various videotex sy-
> stems. It is not easy at all to catch a mes-
> sage on your cable TV in these primitive
> letterforms. Scientists and designers
> must find better solutions. It is not the
> bright colors on the screen of your TV set
> that are important; instead, one must
> easily identify the characters or un-
> derstand the message clearly and quickly.
> The main purpose of typography or cha-
> racter generation is the same today as it
> was when Gutenberg invented type
> casting: to transfer a message in the best
> economic and visual way to the reader.

Abbildung 2.8 *Probleme beim Zeilenumbruch mit einem Standard-Textsystem*

Wort *when* aus der viertletzten Zeile eine Zeile höher wandern und
so dem längeren Wort *casting* Platz machen. Auf diese Weise ist die
viertletzte Zeile in dem unteren Umbruch wesentlich besser gefüllt
als in dem oberen Umbruch, und der untere Umbruch ist global
gesehen besser als der obere.

Es stellt sich nun die Frage, ob man nicht die Rechenkraft eines
Computers dahingehend ausnutzen kann, daß er für jeden Absatz
nicht nur einen lokal optimalen Umbruch, sondern alle lokal akzeptablen Umbrüche berechnet und aus ihnen dann einen unter globalen Gesichtspunkten optimalen aussucht. Bevor wir dieser Frage
weiter nachgehen, nehmen wir der Einfachheit halber an, daß ein
Absatz nur aus Buchstaben einschließlich Satzzeichen und aus Leerzeichen für Wortzwischenräume besteht. Außerdem gehen wir da-

576 Take a look at the various videotex 6.889 systems. It is not easy at all to catch 155.161 a message on your cable TV in 3.589 these primitive letterforms. Scien- 12.999 tists and designers must find bet- 129.881 ter solutions. It is not the bright 289 colors on the screen of your TV set 590.644 that are important; instead, one 100 must easily identify the characters 100 or understand the message clearly 100 and quickly. The main purpose of 494.136 typography or character genera- 13.689 tion is the same today as it was 5.456.896 when Gutenberg invented type 40.804 casting: to transfer a message in 10.121 the best economic and visual way 100 to the reader.

Take a look at the various videotex systems. It is not easy at all to catch a message on your cable TV in these primitive letterforms. Scientists and designers must find better solutions. It is not the bright colors on the screen of your TV set that are important; instead, one must easily identify the characters or understand the message clearly and quickly. The main purpose of typography or character generation is the same today as it was when Gutenberg invented type casting: to transfer a message in the best economic and visual way to the reader.

576 Take a look at the various videotex 6.889 systems. It is not easy at all to catch 155.161 a message on your cable TV in 3.589 these primitive letterforms. Scien- 15.776 tists and designers must find better 576 solutions. It is not the bright colors 10.529 on the screen of your TV set that 34.225 are important; instead, one must 20.244 easily identify the characters or un- 11.764 derstand the message clearly and 4.901 quickly. The main purpose of typo- 4.900 graphy or character generation is 256 the same today as it was when Gu- 26.900 tenberg invented type casting: to 7.056 transfer a message in the best eco- 57.600 nomic and visual way to the rea- 10.100 der.

Take a look at the various videotex systems. It is not easy at all to catch a message on your cable TV in these primitive letterforms. Scientists and designers must find better solutions. It is not the bright colors on the screen of your TV set that are important; instead, one must easily identify the characters or understand the message clearly and quickly. The main purpose of typography or character generation is the same today as it was when Gutenberg invented type casting: to transfer a message in the best economic and visual way to the reader.

Abbildung 2.9 *Zwei Umbrüche desselben Absatzes. Auf der rechten Seite ist der linke Absatz jeweils mit demselben Zeilenumbruch, aber normalem Wortzwischenraum gesetzt. Der Abstand des Zeilenendes zur durchgezogenen Linie bestimmt die für den Randausgleich erforderliche Dehnung bzw. Stauchung der Wortzwischenräume. Die kleinen Zahlen am linken Rand geben jeweils die Fehler der einzelnen Zeilen an.*

von aus, daß ein Programm zur Silbentrennung bereits alle möglichen Trennstellen in den Wörtern gekennzeichnet hat. Um die Zeilengrenzen festzulegen, benötigt ein Programm zum Zeilenumbruch lediglich Informationen über die Breite der einzelnen Buchstaben, einschließlich Informationen über Ligaturen und Unterschnitt, und den optimalen, minimalen und maximalen Wert für die Wortzwischenräume. Eine Veränderung der Buchstabenabstände im Innern von Wörtern ist nicht vorgesehen.

Wollen wir nun unter verschiedenen Umbrüchen für einen Absatz einen optimalen heraussuchen, so müssen wir die Umbrüche bewerten. Eine Bewertungsmethode geht von dem normalerweise unerreichbaren Ideal eines Umbruchs aus, in dem jede Zeile die vorgegebene Zeilenlänge ohne Dehnung oder Stauchung der Wortzwischenräume genau trifft und in dem keine Worttrennungen nötig sind. Es wird dann für jeden konkreten Umbruch die Abweichung von diesem Ideal oder der Fehler (engl.: Demerit) berechnet. Das Ziel besteht natürlich darin, unter allen denkbaren Umbrüchen einen Umbruch mit minimalem Fehler zu finden.

Der Fehler eines Absatzumbruchs ergibt sich, indem man die Fehler der Zeilen, in die der Absatz umgebrochen ist, aufsummiert. Der Fehler einer Zeile berechnet sich im wesentlichen aus dem Faktor, um den die Wortzwischenräume innerhalb der Zeile von ihrem Optimum abweichen. Allerdings vergrößert sich der Fehler für Zeilen zusätzlich, wenn eine Zeile mit einer Worttrennung endet oder wenn beispielsweise eine sehr lose Zeile auf eine sehr volle Zeile folgt.

Wie kann man nun unter allen möglichen Umbrüchen eines Absatzes den bestmöglichen, also den mit dem kleinsten Fehler, finden? Als Umbruchstellen, also als mögliche Zeilenenden, kommen alle Wortzwischenräume im Text und alle Trennstellen im Innern der Wörter in Betracht. Jede solche potentielle Umbruchstelle heißt eine *Kerbe*. Eine kurzer Überschlag zeigt, daß es sicherlich unmöglich ist, alle Umbrüche eines Absatzes zu bestimmen und ihre Fehler zu vergleichen. Der Absatz aus Abbildung 2.9 besteht beispielsweise aus 97 Wörtern. Selbst wenn man die Worttrennungen nicht mitzählt, so gibt es insgesamt

$$2^{96} = 79.228.162.514.264.337.593.543.950.336$$

viele Umbrüche dieses Absatzes. Die meisten davon sind natürlich völlig indiskutabel. Unter anderem sind nämlich in dieser astronomischen Zahl die Umbrüche enthalten, in denen jede Zeile nur aus einem Wort besteht, oder in dem der ganze Absatz in einer langen Zeile enthalten ist.

Man wird sich also darauf beschränken wollen, alle lokal akzeptablen Umbrüche, bei denen die Dehnung oder Stauchung jeder Zeile innerhalb der durch die minimalen und maximalen Wortzwischenräume gegebenen Toleranzen liegt, zu vergleichen. In einem ersten Aussonderungsverfahren werden deshalb alle Kerben b bestimmt, die als Zeilenende in einem bis b lokal akzeptablen Umbruch vorkommen. Solche Kerben sollen *vernünftig* heißen. Aus technischen Gründen wollen wir auch den Anfang des Absatzes als eine vernünftige Kerbe betrachten.

Wie kann man nun mit vertretbarem Rechenaufwand testen, ob eine Kerbe vernünftig ist? Ist eine Kerbe b vernünftig, so kommt sie als Zeilenende eines bis b lokal akzeptablen Umbruchs U des Absatzes vor. Das bedeutet jedoch, daß es im Text vor b eine vernünftige Kerbe a geben muß, so daß die Zeile von a nach b akzeptabel ist. Ein solches Kerbenpaar, das eine akzeptable Zeile umschließt, wollen wir ebenfalls *vernünftig* nennen. Als Kandidat für a kommt das Zeilenende der b in U vorausgehenden Zeile bzw. der Anfang des Absatzes in Frage. Hat man umgekehrt zu einer Kerbe b eine vernünftige Kerbe a gefunden, so daß das Kerbenpaar aus a und b

ebenfalls vernünftig ist, so kann man daraus schließen, daß auch b vernünftig ist.

Mit einer in der Informatik als *Branch and Bound* bekannten Technik ist es nun möglich, die vernünftigen Kerben relativ einfach zu bestimmen. Dazu geht man alle Kerben schrittweise durch und merkt sich die bisher gefundenen vernünftigen Kerben. Gelangt man dabei an eine neue Kerbe b, so braucht man, um festzustellen, ob b vernünftig ist, nach dem oben Gesagten nur in dem Text vor b eine vernünftige Kerbe a zu finden, so daß das Paar aus a und b ebenfalls vernünftig ist. Bei der Suche nach a geht man von b aus rückwärts die bisher gefundenen vernünftigen Kerben durch. Man kann die Suche jedoch abbrechen, wenn man auf eine Kerbe a gestoßen ist, für die die Zeile von a nach b zu voll ist, denn noch weiter zurückliegende Kerben werden dann mit b erst recht kein vernünftiges Paar mehr bilden. Für die Kerbe b braucht man also höchstens so viele vorhergehenden vernünftigen Kerben zu testen wie auf einmal in einer Zeile vorkommen können. Diese Zahl ist aber, abhängig von der Zeilenlänge und der minimalen Silbenlänge in der verwendeten Sprache, eine Konstante, sagen wir C. Für jede Kerbe b in dem vorliegenden Absatz kann man also mit einem zu C proportionalen Rechenaufwand entscheiden, ob b vernünftig ist oder nicht.

Während des oben beschriebenen Durchgangs durch die Kerben des Absatzes, bei dem entschieden wird, welche Kerben vernünftig sind und welche nicht, kann man mit geringem Mehraufwand für jede vernünftige Kerbe b zusätzlich berechnen, wie groß der Fehler $F(b)$ eines optimalen Umbruchs mit b als Zeilenende wäre, wenn der Absatz mit b aufhören würde, und wie ein solcher optimaler Umbruch des Teilabsatzes aussähe. Dazu wird zu jeder als vernünftig erkannten Kerbe b neben dem Fehler $F(b)$ auch noch gespeichert, welche Kerbe in einem optimalen Umbruch bis b das Zeilenende vor b bildet. Ist man mit dieser Untersuchung bei einer Kerbe b

angekommen, so betrachtet man alle vernünftigen Vorgängerkerben a, für die auch das Paar aus a und b vernünftig ist. Für jedes solche a addiert man zu $F(a)$ den Fehler der Zeile von a nach b, wobei eventuelle Mehrfachtrennungen bei a und b und ähnliche globale Unschönheiten mit berücksichtigt werden. Das Minimum dieser Werte ist der gesuchte Wert $F(b)$, und die zugehörige Vorgängerkerbe a ist die gesuchte Kerbe, über die ein optimaler Umbruch zu b führt. Der Grund liegt darin, daß jeder optimale Umbruch bis b auch einen optimalen Umbruch bis zu einer vernünftigen Vorgängerkerbe a von b liefern muß (Modularitätsprinzip).

Nach dem gleichen Verfahren berechnet man am Schluß den optimalen Umbruch für den gesamten Absatz und seinen Fehler. Ist b die Kerbe am Absatzende, so sucht man unter den Vorgängerkerben von b diejenige Kerbe a heraus, für die die Summe aus $F(a)$ und dem Fehler der eventuell nicht ganz vollen Zeile von a nach b minimal wird. Dieses Minimum ist der Fehler für einen optimalen Umbruch des gesamten Absatzes. Rückwärts gehend kann man nun die Vorgängerzeile eines optimalen Umbruchs bis zu a finden, u.s.w., bis man einen optimalen Umbruch des gesamten Absatzes vollständig rekonstruiert hat.

Malt man für jede vernünftige Kerbe ein Kästchen auf Papier und verbindet jede vernünftige Kerbe b mit allen Vorgängerkerben a, für die das Paar aus a und b vernünftig ist, so ergibt sich ein Netzwerk, an dem sich alle lokal akzeptablen Zeilenumbrüche ablesen lassen. Abbildung 2.10 zeigt das zu Abbildung 2.9 gehörige Netzwerk. Jede Kerbe ist durch das vorausgehende (Teil-) Wort beschrieben. An einer Verbindungslinie zwischen zwei Kerben steht der Fehler, den die Zeile von der ersten bis zur zweiten Kerbe bekommt. Jedem lokal akzeptablen Umbruch entspricht ein Pfad vom Textanfang, der mit • symbolisiert ist, zum Textende. Der Fehler dieses Umbruchs ist die Summe der Fehler längs des zugehörigen

Pfades. Nun läßt sich der Unterschied zwischen dem lokal optimierenden und dem zuletzt beschriebenen global optimierenden Verfahren schön erkennen. Das lokal optimierende Verfahren folgt von
jedem Punkt aus gierig derjenigen Verbindung, die im Moment mit
dem kleinsten Fehler behaftet ist. Hieraus resultiert der in Abbildung 2.10 gestrichelt eingezeichnete Pfad, dem in Abbildung 2.9 der
linke Umbruch entspricht. Der global optimierende Algorithmus
dagegen handelt weitsichtiger und wählt den dick eingezeichneten
Pfad, der *insgesamt* den kleinsten Nachteil hat. Diesem optimalen
Pfad entspricht der optimale Umbruch in Abbildung 2.9.

Überraschend ist, daß dieses optimale Verhalten mit recht geringem Aufwand erreicht wird. Bei jeder neu untersuchten Kerbe
müssen bis zu C Vorgängerkerben durchgesehen werden, wobei C,
wie oben definiert, die maximale Anzahl von Silben pro Zeile ist.
C hängt von der verwendeten Sprache, Schrift und Zeilenlänge ab,
nicht aber von der Länge des Textes. Besteht der Text insgesamt
aus n Silben, so ist die von dem global optimierenden Verfahren für
den Zeilenumbruch benötigte Rechenzeit proportional zu $C \cdot n$. Das
einfache Verfahren kommt mit einer zu n proportionalen Rechenzeit
aus, liefert aber deutlich schlechtere Resultate.

Wenn ein Absatz überhaupt einen lokal akzeptablen Umbruch
zuläßt, findet der **global optimierende Algorithmus** auf jeden
Fall einen optimalen Umbruch, der dann natürlich mindestens so
gut und in der Regel besser ist als der von dem lokal optimierenden Algorithmus bestimmte Umbruch. Trotzdem stellt sich die
Frage, ob die Verbesserung nicht eher marginal ist und mit einem
zu hohen Aufwand bezahlt werden muß. In [PK82] findet sich eine
statistische Untersuchung über das unterschiedliche Verhalten des
lokal optimierenden und des global optimierenden Umbruchverfahrens. Ein Abschnitt des Buchs [Knu81] mit ungefähr 800 Zeilen
wurde mit beiden Verfahren gesetzt. Das lokal optimierende Ver-

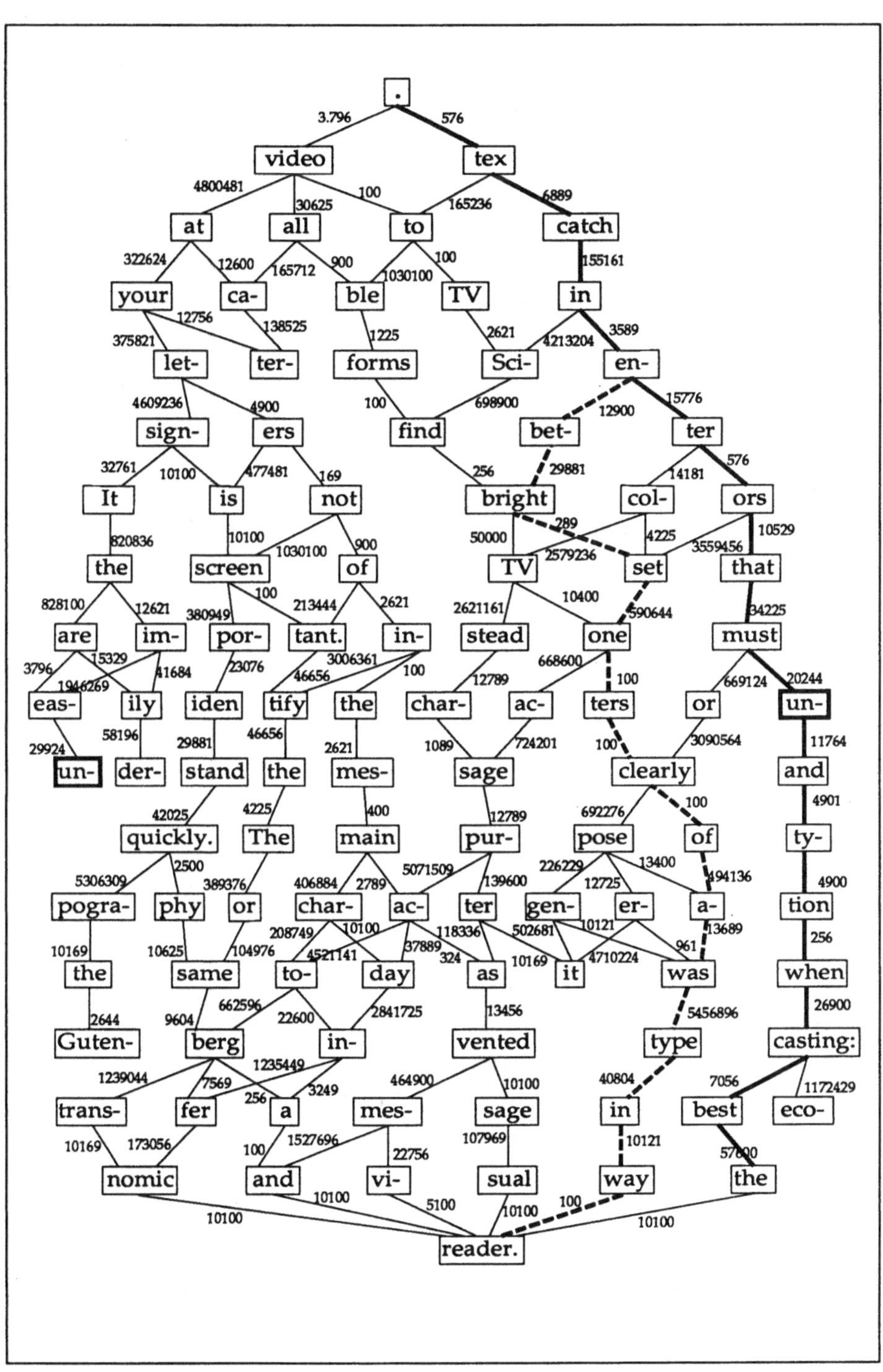

Abbildung 2.10 *Der zu Abbildung 2.9 gehörige Graph*

fahren erzeugte signifikant mehr Zeilen, die zu lose gesetzt waren, und verwendete ungefähr 50% mehr Worttrennungen als das global optimierende Verfahren. Der global optimierende Algorithmus ist also durchaus seinen Aufwand wert, wenn es um die typographische Qualität der gesetzten Texte geht.

Vergleichen wir nun den global optimierenden Algorithmus mit der traditionellen Methode des Handsatzes. Der Setzer orientiert sich beim Handsatz hauptsächlich an der Qualität der einzelnen Zeilen. Ist jedoch der resultierende Umbruch global gesehen zu schlecht, so wird er, unter beträchtlichem Aufwand, modifiziert. Bei mechanischen Setzverfahren ist das Modifizieren eines Umbruchs im nachhinein sogar noch schwieriger als beim Handsatz und jederzeit von Rationalisierungsbemühungen bedroht. Mit dem automatischen, global optimierenden Algorithmus haben wir also ein Beispiel dafür vor uns, daß Computersatz die vielbeschworene typographische Qualität möglicherweise zuverlässiger bewahren kann als traditionelle Setzmethoden.

Ganz ohne menschliches Eingreifen kommt allerdings auch der global optimierende Algorithmus nicht aus. Es gibt nämlich durchaus Absätze, für die überhaupt kein lokal akzeptabler Umbruch existiert. Für den global optimierenden Algorithmus bedeutet das, daß er auf der Suche nach vernünftigen Kerben auf eine Kerbe b stößt, so daß selbst für die letzte vorausgehende vernünftige Vorgängerkerbe a die Zeile von a nach b schon zu lang ist. In dem Fall ist menschliches Eingreifen in einer der folgenden drei Formen notwendig. Zunächst einmal kann die Dehnbarkeit und Stauchbarkeit der Wortzwischenräume, zumindest lokal für einen Absatz, heraufgesetzt werden. Als zweite Möglichkeit kann der Setzer eine Zeile bestimmen, die über das normale Maß hinaus gestreckt werden soll. Und schließlich bleibt immer noch die dritte Möglichkeit, den Autor um eine leichte Änderung des Textes zu bitten. Bei Texten ohne literarischen Anspruch, etwa Fachbüchern oder Handbüchern, gibt es in der Regel auch keine Schwierigkeiten, eine Wahrheit durch verschiedene Formulierungen auszudrücken. Knuth zitiert in [Knu86] sogar Schriftsteller wie Shaw, die literarische Texte um des besseren Umbruchs willen geändert haben.

Quellen

In [Kap87] rekonstruiert Kapr in sehr lesenswerter Weise Gutenbergs Leben und Setzmethoden, insbesondere auch seinen Ansatz zum Randausgleich. Die ausführlichste Darstellung des lokal und des global optimierenden Umbruchverfahrens findet sich in [PK82]. Parallel empfiehlt sich aus [Knu86] die Lektüre des einschlägigen Kapitels, in dem der global optimierende Algorithmus in seiner Einbettung in TEX dargestellt wird. Eine kurze Zusammenfassung der verschiedenen Ansätze kann man auch in [Rub88] nachlesen. Einen hochinteressanten historischen Überblick über verschiedene Strategien beim Zeilenumbruch bietet [KP81].

2.3 Seitenumbruch

Die Grundaufgaben von Zeilenumbruch (Aufteilen von Wörtern und Silben auf Zeilen) und Seitenumbruch (Aufteilen von Zeilen auf Seiten) scheinen sich auf den ersten Blick so ähnlich zu sein, daß man erwarten sollte, sie mit den gleichen Mechanismen lösen zu können. Bei glatten Texten ist das normalerweise auch der Fall. Hier sind im wesentlichen nur zwei Regeln zu beachten:

- Weder die erste noch die letzte Zeile eines Absatzes sollte durch einen Seitenumbruch von dem Rest des Absatzes getrennt werden.

- Die letzte Zeile einer Seite sollte nicht mit einem Trennzeichen enden.

Bei durch Überschriften stärker gegliederten Texten kommt noch die Regel hinzu, daß von dem jeweils ersten Absatz nach einer Überschrift wenigstens noch drei oder vier Zeilen auf derselben Seite erscheinen sollen wie die Überschrift. Überschriften dürfen also nicht zu weit unten auf einer Seite stehen.

Ähnlich wie bei Absätzen die Wortzwischenräume bieten die vertikalen Abstände vor oder nach Überschriften bzw. zwischen den Absätzen von Dehnbarkeit und Stauchbarkeit her genügend Flexibilität, um diese Regeln einzuhalten.

Komplizierter wird der Seitenumbruch durch Fußnoten und Figuren. Insbesondere wenn mehrere Figuren dicht hintereinander auftreten, können sie wegen ihrer Größe nicht immer an der Stelle auf der Seite untergebracht werden, wo im Text auf sie verwiesen wird. Für die Plazierung von Figuren gibt es deshalb die folgenden Regeln:

- Numerierte Figuren müssen in der Reihenfolge ihrer Numerierung plaziert werden.

- Numerierte Figuren müssen *nach* dem ersten Verweis auf die Figur erscheinen.

- Numerierte Figuren erscheinen oben oder unten auf der Seite, mit einem gewissen Minimal- und Maximalabstand zum Text.

- Numerierte Figuren müssen von ihrem ersten Verweis aus sichtbar sein, müssen also in Büchern auf derselben Doppelseite erscheinen.

- In Ausnahmefällen darf eine Figur auch vor ihren ersten Verweis geschoben werden, wenn es anders nicht möglich ist, sie von diesem ersten Verweis aus sichtbar zu machen.

- Abhängig von der Figurenbreite können sequentiell numerierte Figuren auch nebeneinander erscheinen.

Im Zeitungs- und Zeitschriftensatz sind ähnlich komplizierte Einschränkungen bei der Seitengestaltung zu berücksichtigen.

Einige Systeme haben bisher mit wenig Erfolg den Versuch unternommen, die Einhaltung auch dieser Regeln automatisch sicherzustellen. Aus der TeX-Welt liegen mehrere Erfahrungsberichte zum Seitenumbruch von langen Dokumenten vor, die viele Figuren enthalten. Übereinstimmend wurde als die einzig praktikable Lösung angegeben, den Seitenumbruch per Hand vorzunehmen, d.h. die Stellen explizit zu kennzeichnen, an denen ein Seitenumbruch vorgenommen werden soll. Dementsprechend sind inzwischen sogar Makropakete entwickelt worden, die die Seitengestaltung per Hand unterstützen.

Als Ergänzung zu Textverarbeitungssystemen sind für komplizierte Seitengestaltung deshalb die sogenannten **Desktop Publishing Systeme** auf den Markt gekommen. Hierzu gehören beispielsweise Ventura Publisher, Pagemaker und ReadySetGo. Desktop Publishing Systeme übernehmen Texte aus Textverarbeitungssystemen und Graphiken aus Graphiksystemen und montieren sie zu Seiten zusammen. Sie bilden auf elektronischem Wege die Klebetische nach, die in Setzereien traditionell für die manuelle Seitenmontage eingesetzt wurden. Sie ersparen dem Benutzer den Umgang mit Schere und Klebstoff und automatisieren Teile des Seitenaufbaus. Hauptsächlich jedoch unterstützen sie den Autor bei der manuellen Plazierung von Seitenelementen, ohne die der Seitenaufbau komplizierter Dokumente heute noch nicht denkbar zu sein scheint.

Quellen

Ausführliche Richtlinien zur Seitengestaltung finden sich in [Tsc75]. Die speziellen Erfordernisse bei der Positionierung von Fußnoten und Bildern sind in [Lee79] formuliert. Dort und in [Sey84] werden auch die Prozeduren beschrieben, nach denen der Seitenumbruch im traditionellen Druckergewerbe vorgenommen wird. Berichte über die Erstellung von Büchern mit vielen Figuren in TeX sind in [Rog88] und [Sie87] enthalten. Makros zur manuellen Unterstützung des Seitenumbruchs mit TeX werden in [Hoe88] beschrieben. Eine Einführung in Desktop Publishing Systeme bietet [SD87]. Mit [Ran87] liegt eine speziell auf den Problemkreis von wissenschaftlichen Arbeiten und Büchern zugeschnittene Einführung in diesen Themenbereich vor.

2.4   Absätze mit TeX

In Abschnitt 1.5 haben wir gesehen, daß TeX für seine Satzaufgaben von den meisten Eigenschaften von Schriften abstrahiert. Bei der Zusammensetzung von Buchstaben zu Wörtern kommt TeX selbst bei anspruchsvollen typographischen Aufgaben wie Unterschnitt und Ligaturen mit dem einfachen Boxkonzept und metrischen Daten über die Schriften aus. Bei der Zusammensetzung von Wörtern zu Absätzen und der damit verbunden Aufteilung von Absätzen auf Zeilen verwendet TeX den oben dargestellten global optimierenden Algorithmus. Dabei treten auf den ersten Blick eine Fülle von neuen Konzepten auf, wie z.B. normale und geschützte Wortzwischenräume, Einzüge, linke und rechte Randformen, Zeilenabstand und die Bewertung von zu engen und zu losen Zeilen oder von einfachen und mehrfachen Worttrennungen am Zeilenende. Mit ähnlicher Eleganz wie bei der Behandlung von Schriften subsumiert

TEX alle diese Konzepte unter zwei Konstrukte, nämlich **Leim** und **Strafpunkte**. Leim ist für TEX freier horizontaler oder vertikaler Raum, der durch drei Maße definiert ist, nämlich seine Normalausdehnung, seinen Dehnbetrag und seinen Stauchbetrag. Leim mit Normalausdehnung 3 p, Dehnbetrag 2 p und Stauchbetrag 1 p, auch definiert in der Form 3 p plus 2 p minus 1 p, ist also im Idealfall 3 p dick, kann aber notfalls auf maximal 5 p gedehnt und auf minimal 2 p gestaucht werden. Natürlich kann auch starrer Zwischenraum durch Leim mit Dehnbetrag und Stauchbetrag von 0 p erzeugt werden.

Wortzwischenräume sind ein typischer Fall von Leim. In der Schrift Computer Modern Roman, Schriftgröße 10 p, beträgt normaler Wortzwischenraum 3,33333 p plus 1,66666 p minus 1,11111 p. Ein Wortzwischenraum, der auf ein Komma folgt, hat dieselbe Normalausdehnung, jedoch ist sein Dehnbetrag 2,08331 p und sein Stauchbetrag 0,88889 p groß. Nach einem Komma wird also mehr gedehnt und weniger gestaucht als zwischen normalen Wörtern. Nach einem Punkt beträgt der Wortzwischenraum 4,44444 p plus 4,99997 p minus 0,37036 p. Hier ist also auch die Normalausdehnung größer geworden.

Strafpunkte werden von TEX an bestimmten Stellen im Absatz verteilt, beispielsweise vor Wortzwischenräumen, an denen kein Zeilenumbruch erlaubt sein soll. Beim Zeilenumbruch schlagen Strafpunkte, die auf ein Zeilenende fallen, bei der Berechnung des Fehlers für die entsprechende Zeile zu Buche. Sehr hohe Strafpunkte können sogar einen Zeilenumbruch an der entsprechenden Stelle ganz verhindern.

Für TEX besteht also ein Absatz lediglich aus einer Folge von Boxen, Leimtropfen und Strafpunkten. Die Boxen entstehen aus dem eingegebenen Text, und die Leimtropfen und Strafpunkte werden, durch Parameter gesteuert, von TEX in die Liste eingefügt.

TEX arbeitet nur mit dieser Folge von Boxen, Leimtropfen und Strafpunkten, wenn beim Umbruch die Zeilengrenzen festgelegt werden. Der Fehler einer potentiellen Zeile berechnet sich daraus, wie sehr die in ihr enthaltenen Leimtropfen gedehnt und gestaucht werden müssen, um das vorgegebene Zeilenmaß zu erreichen, und aus eventuellen Strafpunkten am Zeilenende, die beispielsweise für Worttrennungen eingefügt worden sind. Der Fehler eines Umbruchs ergibt sich aus den Fehlern seiner einzelnen Zeilen und eventuell weiteren Strafpunkten für mehrfach aufeinanderfolgende Worttrennungen oder zu abrupte Wechsel in der Zeilenfüllung.

Der Benutzer von TEX kann den in den Absatz eingefügten Leimtropfen und Strafpunkten in seiner Eingabedatei Werte zuweisen und so die äußere Form und den Umbruch des Absatzes steuern. Beispielsweise fügt TEX am Anfang einer Absatzliste einen starren Leimtropfen für den Einzug in der ersten Zeile ein. Die Größe des Einzugs kann beispielsweise durch das TEX-Kommando

```
\parindent=20pt
```

auf 20 p festgelegt werden. Durch das Kommando `\noindent` am Anfang eines Absatzes kann der Einzug für diesen einen Absatz lokal wieder unterdrückt werden.

Weiterhin fügt TEX am Anfang und am Ende jeder Zeile eines Absatzes einen Leimtropfen ein, der durch die TEX-Befehle `\leftskip` bzw. `\rightskip` spezifiziert werden kann. Diese Leimtropfen bestimmen die Ausrichtung des Absatzes. Sind beide Parameter auf 0 p gesetzt, so existiert kein Leim am Anfang und am Ende einer Zeile, d.h. es ergeben sich ein gerader linker und rechter Rand. Ist beispielsweise der Dehnbetrag von `\rightskip` auf einen positiven Wert gesetzt, so verfügt jede Zeile bei der Ausrichtung über Spielraum am rechten Ende, und somit ergibt sich ein rechtsseitiger Flattersatz. Jede Zeile kann dabei um den Dehnbetrag von `\rightskip` verkürzt werden. Linksseitiger Flattersatz und zentrierter Satz können durch entsprechende Setzungen von `\leftskip` und `\rightskip` erzeugt werden. Setzt man die Normalausdehnung von `\leftskip` und `\rightskip` auf den gleichen positiven Wert, so wird der entsprechende Absatz auf beiden Seiten eingezogen und entsprechend enger gesetzt. Diese Absatzform wird oft für längere Zitate eingesetzt.

TEX verfügt über vordefinierte Kommandos `\raggedright` und `\raggedleft` sowie `\narrower`, die die Parameter `\leftskip` und `\rightskip` für rechtsseitigen und linksseitigen Flattersatz und für beidseitigen Randeinzug im Blocksatz definieren.

Am Ende eines Absatzes fügt TEX einen Leimtropfen namens `\parfillskip` ein. Dieser Leimtropfen ist, zusammen mit dem durch `\rightskip` produzierten Leimtropfen, für den rechten Rand der letzten Zeile eines Absatzes verantwortlich. Setzt man z.B. bei ausgeglichenem rechten Rand den Parameter `\parfillskip` auf den gleichen Wert wie `\parindent`, so werden der Anfang der ersten Zeile und das Ende der letzten Zeile um den gleichen Betrag eingezogen. Ist der Absatz lang genug, so verfügt der Umbruchsalgorithmus in der Regel über genügend Manövriermasse, um trotz dieser Forderung einen akzeptablen Umbruch zu finden. In dem linken Beispiel in Abbildung 2.11 wurde temporär `\parfillskip` auf 0 p gesetzt, d.h. die letzte Zeile hat die gleiche Länge wie die anderen Zeilen dieses Absatzes.

In der Regel ist jedoch die letzte Zeile eines Absatzes unvollständig gefüllt. Das könnte man im Prinzip durch das Kommando

```
\parfillskip=0pt plus \hsize
```

erreichen, wobei `\hsize` die für den Absatz gewünschte Zeilenbreite angibt. TEX sieht jedoch mit

```
\parfillskip=0pt plus 1fill
```

> A well-designed book means one that is (a) appropriate to its content and use, (b) economical, and (c) satisfying to the senses. It is not a "pretty" book in the superficial sense and it is not necessarily more elaborate than usual.
>
> A well-designed book means one that is (a) appropriate to its content and use, (b) economical, and (c) satisfying to the senses. It is not a "pretty" book in the superficial sense and it is not necessarily more elaborate than usual.

Abbildung 2.11 *Vollständig gefüllte bzw. zentrierte letzte Zeile*

eine elegantere Möglichkeit vor, beliebige Dehnbarkeit unabhängig von dem auszufüllendem Zielmaß zu spezifizieren. Enthält eine Zeile einen oder mehrere Leimtropfen unendlicher Dehnbarkeit, so wird die Zeile nur an diesen Leimtropfen, nicht aber an Leimtropfen mit endlicher Dehnbarkeit, auseinandergezogen. In der letzten Zeile eines Absatzes, in dem im Normalfall außer Leimtropfen mit endlicher Dehnbarkeit nur `\parfillskip` mit dem Wert 0p plus 1 fill enthalten ist, wird also nur dieser letzte Leimtropfen auseinandergezogen, um die Zeile auf die vorgeschriebene Zeilenbreite zu bringen, und das bedeutet, daß diese Zeile mit offenem rechten Rand gesetzt wird.

Genauer gesagt läßt TeX vier Ordnungen der Dehnung und Stauchung zu. Die Dehnung und Stauchung erster Ordnung ist die normale endliche Dehnung und Stauchung, die wir schon kennengelernt haben. Die übrigen drei Ordnungen geben drei Stufen von Unendlichkeit wieder, die durch die Schlüsselwörter fil, fill und filll gekennzeichnet werden. Für `\parfillskip` wird also eine Dehnung dritter Ordnung verwendet. Für jede Zeile und jede Ordnung werden die Beträge der Dehnung und Stauchung in den einzelnen Leimtropfen aufsummiert. Dann wird die höchste Ordnung genommen, deren Summe nicht verschwindet, und die erforderliche Dehnung oder Stauchung der ganzen Zeile wird, proportional zu den individuellen Dehn- bzw. Stauchbeträgen, auf die Leimtropfen dieser Ordnung verteilt. Auf diese Weise kann eine Dehnung höherer Ordnung eventuell in einer Zeile schon vorhandene Dehnbeträge außer Kraft setzen, und der Freiraum in einer Zeile kann in unterschiedlichen Verhältnissen auf die Zeile verteilt werden.

Nehmen wir an, daß eine Zeile neben Leimtropfen endlicher Dehnbarkeit und ohne Stauchbarkeit zusätzlich die Leimtropfen $a_1 = 3\,\mathrm{cm}$ plus $1\,\mathrm{fil}$ minus $2\,\mathrm{cm}$, $a_2 = 1\,\mathrm{cm}$ plus $3\,\mathrm{fill}$ und $a_3 = 1\,\mathrm{cm}$ plus $1\,\mathrm{fill}$ enthält. Muß die entsprechende Zeile etwa um $1\,\mathrm{cm}$ gestaucht werden, so wird, da nur a_1 über einen Stauchbetrag verfügt, dieser Betrag von der Normalausdehnung von a_1 abgezogen. Muß die betreffende Zeile jedoch um $1\,\mathrm{cm}$ gedehnt werden, so wird dieser Betrag im Verhältnis $3 : 1$ auf a_2 und a_3 verteilt, denn die Dehnbarkeitsordnung 3 ist die höchste, die in der entsprechenden Zeile vorkommt. a_2 wird also $1{,}75\,\mathrm{cm}$ groß, und a_3 erhält den Wert $1{,}25\,\mathrm{cm}$.

Durch geeignete Setzungen von `\leftskip`, `\rightskip` und `\parfillskip` lassen sich neue interessante Absatzformen konstruieren. Beispielsweise ist es möglich, wie im rechten Beispiel in Abbildung 2.11 Blocksatz zu erzeugen, in dem die letzte, nicht ganz volle Zeile zentriert wird. Das erreicht man durch die folgenden Zuweisungen:

```
\leftskip=0pt plus 1fill
\rightskip=0pt plus -1fill
\parfillskip=0pt plus 2fill
```

In jeder bis auf die letzte Zeile gleicht sich der Dehnbetrag in den Leimtropfen dritter Ordnung (`\leftskip` und `\rightskip`) auf $0\,\mathrm{fill}$ aus. Deshalb wird in diesen Zeilen die Dehnung und

Stauchung an den normalen Zwischenräumen erster Ordnung vorgenommen, und man erhält Blocksatz. In der letzten Zeile haben wir am linken Ende den Dehnbetrag 1 fill (\leftskip), und am rechten Ende die Dehnbeträge −1 fill (\rightskip) und 2 fill (\parfillskip), die sich für die ganze Zeile zu einem Dehnbetrag von 2 fill aufsummieren. Der freie Raum in der letzten Zeile wird also im Verhältnis 1 : −1 : 2 auf diese drei Leimtropfen verteilt. Beträgt der freie Raum etwa 2 cm, so entfallen davon 1 cm auf \leftskip, −1 cm auf \rightskip und 2 cm auf \parfillskip. Insgesamt haben wir dann sowohl auf dem linken als auch auf dem rechten Rand einen freien Raum von 1 cm, d.h. die letzte Zeile ist zentriert.

TeX verfügt noch über eine Reihe anderer Parameter, mit denen man die Form eines Absatzes beeinflussen kann. Die einfachste Determinante der Absatzform ist sicherlich die Zeilenlänge, die durch eine Zuordnung an den Parameter \hsize gesetzt werden kann. Eine Einrückung mehrerer Zeilen eines Absatzes erfolgt über die Parameter \hangindent und \hangafter. \hangindent gibt den Betrag der Einrückung an, und \hangafter sagt, nach wievielen Zeilen die Einrückung einsetzen soll. Einen Lexikoneintrag wie in Abbildung 2.12 kann man also mit den folgenden Anweisungen herstellen.

```
\parindent=0pt\hangindent=1em\hangafter=1
{\bf ragged right}\quad A style of type in which
the left margin is vertically straight, and all
extra space on a line is placed at the
right-hand end of the line, creating a ragged
right margin.
```

Die Zeilenabstände innerhalb eines Absatzes berechnen ihren Wert nach den drei Parametern \baselineskip, \lineskip und

> **ragged right** A style of type in which the left margin is vertically straight, and all extra space on a line is placed at the right-hand end of the line, creating a ragged right margin.

Abbildung 2.12 *Absatzform in einem Lexikon*

\lineskiplimit. Im Normalfall gibt \baselineskip den Abstand von Grundlinie zu Grundlinie an. Enthält eine Zeile jedoch so große Elemente, daß bei vorgegebenem \baselineskip der Abstand zwischen der unteren Kante der oberen und der oberen Kante der unteren Zeile den Wert von \lineskiplimit unterschreitet, so werden die beiden Zeilen so weit auseinandergerückt, daß zwischen der unteren Kante der oberen Zeile und der oberen Kante der unteren Zeile ein Freiraum von \lineskip eingehalten wird. Die von TEX voreingestellten Standardwerte sind

```
\baselineskip=12pt
\lineskiplimit=0pt
\lineskip=1pt
```

Mit diesen Setzungen können sich zwei Zeilen nie überschneiden. Wenn eine Zeile beispielsweise eine komplexe Formel enthält, so werden die angrenzenden Zeilen wenigstens um 1 p von der betreffenden Zeile abgerückt. Man kann jedoch auch, indem man \lineskiplimit auf den minimal möglichen Wert von -\maxdimen setzt, erzwingen, daß unabhängig vom Zeileninhalt ein Abstand von \baselineskip von Grundlinie zu Grundlinie eingehalten wird. Auf diese Weise wurde das Beispiel in Abbildung 2.13 erzeugt.

Wie oben schon dargestellt, können Absätze zum Umbruchzeitpunkt neben Boxen und Leim auch noch Strafpunkte enthalten.

TEX FÜR FORTGESCHRITTENE

Abbildung 2.13 *Zeilenüberhang*

Strafpunkte haben Einfluß auf die Bewertung eines Absatzes. Von
TeX werden beispielsweise Strafpunkte **\hyphenpenalty** für Silbentrennungen vergeben. Der Standardwert für **\hyphenpenalty**
ist 50. Will man in einem Absatz die Silbentrennung ganz un-
terdrücken, so kann man für Silbentrennungen die Maximalstrafe
vereinbaren.

```
\hyphenpenalty=10000
```

Die Parameter **\adjdemerits** und **\doublehyphendemerits** bestimmen, wie abrupte Wechsel zwischen lockeren und dichten Zeilen
oder Silbentrennung in aufeinanderfolgenden Zeilen in die Bewertung eines Absatzes eingehen sollen. Aus TeX-internen Gründen,
auf die wir hier nicht weiter eingehen wollen, ist die Skala für diese
Parameter quadratisch in der normalen Strafpunkte-Skala. Die
Standardwerte sind

```
\adjdemerits=10000
\doublehyphendemerits=10000.
```

Die Toleranzgrenzen für Dehnung und Stauchung einer Zeile
sind durch die Parameter **\pretolerance** und **\tolerance** festgelegt. TeX versucht zunächst in einem ersten Durchgang, mit der

Rahmenbedingung \pretolerance einen Absatz völlig ohne Silbentrennung umzubrechen. Falls das nicht möglich ist, wird der Umbruchversuch mit der Rahmenbedingung \tolerance wiederholt. Ist auch dann noch kein akzeptabler Umbruch möglich, kann man die Werte von \pretolerance und \tolerance weiter heraufsetzen, wenn man es nicht vorzieht, den Wortlaut des Textes zugunsten einer besseren Zeilenfüllung zu modifizieren. Als Standardsetzungen verwendet TEX die Werte

```
\pretolerance=100
\tolerance=200.
```

Man kann in einen Text auch Strafpunkte explizit einfügen. TEX hat beispielsweise ein vordefiniertes Kommando ~, das man anstelle eines Leerzeichens verwenden sollte, wenn man an der entsprechenden Stelle einen Zeilenumbruch verhindern will. Das Kommando ~ fügt 10000 Strafpunkte und ein normales Leerzeichen in den Text ein. Somit wird eine Trennung an dieser Stelle unter allen Umständen vermieden. Umgekehrt kann man TEX auch ermutigen, an bestimmten Stellen einen Zeilenumbruch vorzunehmen, indem man dort eine negative Zahl von Strafpunkten einfügt. Am Anfang dieses Satzes wurden beispielsweise −1000 Strafpunkte mit dem Befehl \penalty -1000 explizit eingefügt, um TEX zu ermutigen, vor diesem Wort einen Zeilenumbruch vorzunehmen.

Analog zu Strafpunkten kann man auch Leim explizit in den Text einfügen. Dazu dient das Kommando \hskip. Das in der Eingabe zu Abbildung 2.12 verwendete Kommando \quad ist eine Abkürzung für \hskip 1em. Durch eine geschickte Kombination von Leim und Strafpunkten kann man beispielsweise den Autor eines Zitats rechtsbündig in der letzten Zeile des Zitats positionieren. Das Beispiel in Abbildung 2.14 wurde mit folgenden Befehlen erzeugt (der Leim der Ordnung 4 schaltet \parfillskip aus).

> A well-designed book means one that is (a) appropriate to its
> content and use, (b) economical, and (c) satisfying to the senses.
> It is not a "pretty" book in the superficial sense and it is not
> necessarily more elaborate than usual.   *Marshall Lee*

Abbildung 2.14 *Zitat mit Autor*

```
\hyphenpenalty=10000
A well-designed book means one that is
(a)~appropriate to its content and use,
(b)~economical, and (c)~satisfying to the senses.
It is not a ''pretty'' book
in the superficial sense and it is not necessarily more
elaborate than usual.\penalty 10000
\hskip 0pt plus 1filll
{\it Marshall~Lee}\par
```

Die hier gewählte Lösung funktioniert allerdings nur, wenn das Zitat lang genug ist, so daß ein akzeptabler Umbruch existiert, in dessen letzter Zeile genügend Platz für den Namen des Autors ist. Eine allgemeinere Lösung, die jedoch dieselben Techniken verwendet, ist in [Knu86] enthalten.

Die Beispiele dieses Abschnitts zeigen, daß TEXs Stärke weniger darin besteht, dem Benutzer eine Vielzahl vorgefertigter Lösungen zur Auswahl anzubieten, als vielmehr darin, ihm Hilfsmittel an die Hand zu geben, mit denen er auch ausgefallene Satzaufgaben realisieren kann, an die der Entwickler von TEX selber vielleicht gar nicht gedacht hat. Diese Flexibilität von TEX ist für professionelle Setzer vielleicht interessanter als für Autoren, die ihre eigenen

Texte setzen. Wir werden jedoch sehen, daß es Makropakete gibt, die die Befehlseingabe für den Autor beträchtlich erleichtern und die niedrigen Operationsebenen von TEX erfolgreich verbergen.

Quellen

In [PK82] wird der Frage nachgegangen, welche Umbruchprobleme sich mit dem Paradigma von Boxen, Leim und Strafpunkten lösen lassen. Neben der in TEX-Fragen immer zuständigen Quelle [Knu86] gibt es inzwischen auch einige Arbeiten, die sich mit speziellen Problemen beim Zeilenumbruch befassen. Beispielsweise stellt [App88] dar, wie die unterschiedlichen Leerräume nach alleinstehenden Wörtern oder nach Satzzeichen zustandekommen. Das ist insbesondere vor dem Hintergrund von [Lui86] interessant, wo die Regeln für Leerräume nach Satzzeichen für die deutsche Sprache dargestellt werden. Diese Regeln stimmen nämlich mit TEX's Standardsetzungen für die englische Sprache nicht überein. Der Aufsatz [Bru87b] beschreibt, wie man mit TEX Absätze erzeugen kann, in denen die ersten Zeile in einer anderen Schrift gesetzt ist als die übrigen Zeilen. Dieses Problem ist bei TEX etwas heikel, da man wegen des global optimierenden Umbruchverfahrens zum Zeitpunkt der Texterfassung noch gar nicht abschätzen kann, wo die erste Zeile zu Ende sein wird.

Kapitel 3

Silbentrennung

3.1 Probleme und Algorithmen

In dem vorigen Kapitel wurde dargestellt, wie wichtig eine gleichmäßige Füllung der Zeilen für die Lesbarkeit eines Textes ist. In vielen Situationen kann ein Text jedoch ohne **Silbentrennung** nicht in akzeptabler Weise gesetzt werden, insbesondere nicht in einer Sprache mit vielen langen Wörtern wie dem Deutschen. In dem Buch [Knu81] enden 2,6% aller Zeilen mit einem Trennzeichen. Das bedeutet bei 45 Zeilen pro Seite im Durchschnitt 1 Trennzeichen pro Seite. Dieses Buch ist allerdings mit dem global optimierenden Algorithmus von TEX gesetzt. Ein lokal optimierendes Verfahren und erst recht eine kleinere Zeilenlänge erfordern wesentlich mehr Worttrennungen. Im Schnitt kann man bei Textbüchern zwischen 5 und 15 Trennungen pro Seite erwarten. In Anlehnung an [Lia83] zeigt Abbildung 3.1 links einen Absatz, der selbst mit global optimierendem Umbruchverfahren ohne Worttrennung nicht akzeptabel gesetzt werden kann. Auf der rechten Seite ist derselbe Absatz abgebildet, jedoch diesmal mit Silbentrennung gesetzt.

In den sechziger Jahren gab es im professionellen Satzbereich Programme zum Zeilenumbruch, die jedes Wort, das zur Trennung

> If all problems of hyphenation have not been solved, at least some progress has been made since that night, when according to legend, an RCA Marketing Manager received a phone call from a disturbed customer. His 301 had just hyphenated "God."

Abbildung 3.1 *Die Bedeutung der Silbentrennung für die Güte des Zeilenumbruchs*

anstand, auf einem Ein-Zeilen-Bildschirm anzeigten und auf die Bestimmung der zulässigen Trennstellen durch einen menschlichen Operator warteten. Die ersten Textverarbeitungssysteme auf Personal Computern wie Wordstar oder MacWrite klammerten die Silbentrennung völlig aus. Heute gehört die *automatische* Silbentrennung zum Glück zum Funktionsumfang der meisten Textverarbeitungsprogramme. Trotzdem ist es eine Überlegung wert, was die Silbentrennung so schwierig macht, daß sie erst relativ spät standardmäßig integriert wurde.

Die beiden wichtigsten **Trennregeln** der deutschen Sprache, zitiert nach [Dud86], lauten:

1. Mehrsilbige einfache und abgeleitete Wörter trennt man nach Sprechsilben, die sich beim langsamen Sprechen von selbst ergeben.

2. Zusammengesetzte Wörter und Wörter mit einer Vorsilbe werden dagegen nach ihren sprachlichen Bestandteilen, also nach Sprachsilben getrennt.

Diese beiden Regeln illustrieren, mit welchen Schwierigkeiten ein Computerprogramm zu kämpfen hat, das diese Regeln nachbilden möchte. Obwohl es nur relativ wenige Vorsilben gibt, wirft ihr Erkennen schon Schwierigkeiten auf. Wie soll beispielsweise ein Programm ohne semantische Kenntnisse unterscheiden, daß die Buchstabenkombination *er-* zwar in *er-neuern*, nicht aber in *ernten* eine Vorsilbe darstellt? Auch die Unterscheidung der doppelten Vorsilben in *be-in-halten* von dem Teilwort in *Bein-schiene* ist sicherlich nicht einfach. Außerdem gibt es natürlich zu jeder Regel ihre Ausnahmen. Beispielsweise wird das Wort *Tran-sit* nach Regel 1 getrennt, da die Gliederung in die Vorsilbe *trans* und den lateinischen Wortstamm *ire*, die eigentlich eine Trennung nach Regel 2 erfordern würde, nicht allgemein bekannt ist. Damit ist das kompliziertere Problem, wie man zusammengesetzte Wörter in seine Teilwörter zerlegen soll, noch gar nicht angesprochen. Hierzu wird man wahrscheinlich eine Liste der einfachen Wörter voraussetzen müssen.

Trennalgorithmen, die auf Regeln basieren, haben noch einen weiteren schweren Nachteil. Sie sind nämlich extrem sprachabhängig. Das bedeutet, daß das Silbentrennverfahren für jede Sprache neu programmiert werden muß.

Eine gebräuchliche Alternative zu regelbasierten Trennverfahren besteht darin, ein Wörterbuch mit vorgetrennten Wörtern im Rechner zu speichern und bei jedem zu trennenden Wort die richtigen Trennstellen aus diesem Wörterbuch zu übernehmen. Für viele Sprachen liegen Wörterbücher mit Trennstellen in elektronischer Form vor. Deshalb ist das **wörterbuchbasierte Verfahren** bis auf das Wörterbuch als Algorithmus sprachunabhängig.

Ein weiterer Vorteil dieses Ansatzes liegt darin, daß er ziemlich zuverlässig ist in dem Sinn, daß er keine falschen Trennungen einführt. Ein Wort, das im Wörterbuch vorkommt, wird, jedenfalls soweit das Wörterbuch korrekt ist, richtig getrennt, und ein Wort, das im Wörterbuch nicht vorkommt, wird gar nicht getrennt. Das Problem besteht eher darin, ob für genügend viele Wörter Trennstellen gefunden werden. Das hängt natürlich direkt von der Größe des gespeicherten Wörterbuchs ab.

Der Duden [Dud86] umfaßt ca. 110 000 Einträge mit, niedrig geschätzt, durchschnittlich 10 Buchstaben pro Eintrag. Das ergibt ein Datenvolumen von 1,1 Megabyte, mehr als ein heute gängiger Personal Computer in seinem Hauptspeicher unterbringen kann. Dabei sind Flexionsformen und Komposita noch nicht einmal berücksichtigt. Das bedeutet, daß ein Trennverfahren dieser Art entweder relativ langsam ist oder mit einem eingeschränkten Wörterbuch arbeitet. Die meisten gängigen Textverarbeitungssysteme entscheiden sich heute für die zweite Möglichkeit.

Die Wörterbuchmethode eignet sich sehr gut für spezielle Fachsprachen, die nur über einen eingeschränkten Wortschatz verfügen. Als Beispiel könnte man das Vokabular der wissenschaftlichen mathematischen Texte anführen. Außerdem läßt sich die Wörterbuchmethode gut mit anderen Verfahren kombinieren, indem alle die Wörter, die von dem entsprechenden anderen Verfahren unvollständig oder falsch getrennt werden, in einem (kleinen) Ausnahmewörterbuch gesammelt werden, das sich vom Benutzer möglichst noch um spezielle Fachausdrücke ergänzen läßt.

Eine weitere Gruppe von Trennverfahren versucht, mögliche Trennstellen an Hand typischer Buchstabenkombinationen zu bestimmen. Der Times-Magazine-Algorithmus beispielsweise betrachtet in einem zu trennenden Wort je vier aufeinanderfolgende Buchstaben b_1, b_2, b_3 und b_4. An Hand einer Tabelle werden dann drei Wahrscheinlichkeitswerte festgestellt, nämlich

1. die Wahrscheinlichkeit $p_{\mathrm{nach}}(b_1, b_2)$ dafür, daß nach der Buch-

stabenkombination $b_1 b_2$ eine Trennung erlaubt ist,

2. die Wahrscheinlichkeit $p_{\text{zwischen}}(b_2, b_3)$ dafür, daß zwischen den Buchstaben b_2 und b_3 eine Trennung erlaubt ist, und

3. die Wahrscheinlichkeit $p_{\text{vor}}(b_3, b_4)$ dafür, daß vor der Buchstabenkombination $b_3 b_4$ eine Trennung möglich ist.

Diese drei Wahrscheinlichkeitswerte werden multipliziert, und wenn das Ergebnis oberhalb einer Schwelle s liegt, wird zwischen b_2 und b_3 getrennt. Andernfalls wird nicht getrennt. Durch Experimentieren mit der Schranke s kann man die Vollständigkeit zu Lasten der Korrektheit erhöhen, also erreichen, daß mehr Trennstellen, darunter möglicherweise auch falsche, gefunden werden, und umgekehrt. Die benötigten Wahrscheinlichkeitstabellen lassen sich aus einem Wörterbuch mit Trennstellen automatisch aufstellen, so daß auch dieses Verfahren sprachunabhängig ist.

Ein anderes **musterbasiertes Verfahren** geht auf Liang zurück und verwendet Buchstabenmuster verschiedener Ordnung. Muster der ersten Ordnung enthalten erlaubte Trennstellen, und wenn ein Muster mit einer erlaubten Trennstelle auf ein Wort paßt, darf das Wort an der entsprechenden Stelle getrennt werden. Die Muster erster Ordnung sind jedoch mit ihren Trennstellen zu großzügig, so daß sie zu viele falsche Trennstellen erzeugen. Deshalb werden sie durch Muster zweiter Ordnung ergänzt, die ihrerseits Trennstellen verbieten. Wird nun eine Trennfuge in einem Wort sowohl durch ein Muster erster Ordnung als auch durch ein Muster zweiter Ordnung abgedeckt, so dominiert das Muster höherer Ordnung das Muster niedrigerer Ordnung, und an der entsprechenden Stelle darf nicht mehr getrennt werden. Möglicherweise waren aber nun die Muster zweiter Ordnung zu restriktiv, so daß von den ursprünglich richtig gefundenen Trennstellen nun zu viele wieder ver-

$$
\begin{array}{ll}
\text{h y p h e n a t i o n} & \text{zu trennendes Wort} \\
\text{h y}_3\text{p h} & \text{Muster} \\
\text{h e n a}_4 & \text{Muster} \\
\text{h e}_2\text{n} & \text{Muster} \\
\text{h e n}_5\text{a t} & \text{Muster} \\
{}_1\text{n a} & \text{Muster} \\
\text{n}_2\text{a t} & \text{Muster} \\
{}_1\text{t i o} & \text{Muster} \\
{}_2\text{i o} & \text{Muster} \\
\text{h y-p h e n-a t i o n} & \text{getrenntes Wort}
\end{array}
$$

Abbildung 3.2 *Silbentrennung nach Liang*

boten worden sind. Deshalb gibt es Trennmuster dritter Ordnung, die wieder neue Trennstellen erlauben, usw. Um eine befriedigende Balance zwischen Trennhäufigkeit und Korrektheit zu erzielen, reichen je nach Sprache fünf bis sieben Ordnungen aus. Abbildung 3.2 zeigt, welche Buchstabenmuster auf das Wort *hyphenation* passen. Die Ziffern in den Mustern entsprechen den Ordnungen. Ist für ein Buchstabenpaar die höchste vorkommende Ziffer ungerade, so darf getrennt werden, andernfalls nicht.

Es gibt ein—allerdings recht komplexes—automatisches Verfahren, mit dem Liangsche Trennmuster aus einem Wörterbuch mit Silbentrennung automatisch erzeugt werden können. Die Güte der Silbentrennung hängt jedoch sehr von dem gewählten Ausgangswörterbuch ab. Obwohl das Liangsche Verfahren mehr Trennstellen findet und weniger Fehler macht als der Times-Magazine-Algorithmus, scheinen nach Experimenten in [Win86] die Unterschiede in einem Bereich zu liegen, der sich auf die Qualität des Zeilenumbruchs nicht mehr auswirkt.

Bisher haben wir die Silbentrennverfahren nach folgenden Kriterien beurteilt:

1. Vollständigkeit: Welcher Prozentsatz der zulässigen Trennstellen wird von dem Verfahren gefunden?

2. Korrektheit: Welcher Prozentsatz der von dem Verfahren gefundenen Trennstellen ist richtig?

3. Sprachunabhängigkeit: Gibt es ein automatisches Verfahren, um die für das Trennverfahren benötigten Daten unabhängig von der Sprache, etwa nur abhängig von einem Wörterbuch mit Silbentrennungen, zu erzeugen?

4. Ressourcen: Wie groß sind Speicherbedarf und Geschwindigkeit des Verfahrens?

Der wichtigste Aspekt ist, vom Standpunkt des Autors aus gesehen, die Korrektheit. Ein Trennverfahren, bei dem nur 95% aller Trennungen korrekt sind, macht bei 10 Trennungen pro Seite schon auf jeder zweiten Seite einen Fehler. Insbesondere bei langen Dokumenten bedeutet das für den Autor eine Menge unliebsamer Handarbeit.

Eng mit der Korrektheit verknüpft ist auch die Frage, welchen Einfluß der Autor auf die Silbentrennung nehmen kann, wenn das eingebaute Trennverfahren versagt. Als einfachster Steuermechanismus muß es möglich sein, die korrekten Trennstellen für einzelne Wortvorkommmen explizit zu kennzeichnen. Die meisten Textverarbeitungssysteme sehen dafür das **optionale Trennzeichen** vor. Meistens gibt man es als eine Variante des Zeichens - ein, etwa indem man die Kontrolltaste und die Taste mit dem Trennstrich gleichzeitig drückt. Ein solches optionales Trennzeichen in einem Wort wird nur dann aktiv, wenn das entsprechende Wort an das

Zeilenende gelangt und getrennt werden muß. Ansonsten bleibt es unsichtbar.

Für den Fall, daß ein vom Trennverfahren falsch getrenntes Wort sehr häufig vorkommt, ist es jedoch auch äußerst nützlich, wenn man das Wort mit der korrekten Trennung in ein **Ausnahmewörterbuch** aufnehmen kann und damit die richtige Trennung für das gesamte Dokument oder, wahlweise, für alle Dokumente festschreiben kann.

Ähnlich wie schon beim Zeilenumbruch wird wohl auch kein Silbentrennverfahren je ganz auf menschliches Eingreifen verzichten können. Ein Grund sind Homonyme, Wörter mit gleicher Schreibweise, aber mit unterschiedlicher Bedeutung und möglicherweise auch unterschiedlicher Silbentrennung. Beispiele sind *Ver-eins-amt* vs. *ver-ein-samt* oder *Stau-becken* vs. *Staub-ecken*. Ein weiterer Grund sind psychologisch schlechte Silbentrennungen wie *Analphabet* oder *Trenner-gebnisse*.[1] Solche Trennungen, in denen das abgetrennte Anfangsstück für sich allein ein vollständiges Wort ergibt, das aber in den Gesamtzusammenhang des Satzes nicht hineinpaßt, können das Verständnis eines Satzes beträchtlich erschweren. Es liegt also in der Verantwortung des Autors, auf solche grammatisch korrekten, aber sinnentstellenden Silbentrennungen zu achten und sie zu verhindern.

Quellen

Über die Einführung von Silbentrennverfahren in den professionellen Computersatz finden sich in [Phi80] nähere Angaben. Algorithmen, die auf Regeln und Wörterbüchern beruhen, werden in [Sey84] näher erläutert. In [Win86] werden verschiedene Verfahren zur Sil-

---

[1]Die entsprechenden Trennungen *Al-phabet* und *Er-gebnisse* in den Teilwörtern sind dagegen völlig in Ordnung.

bentrennung erklärt und miteinander verglichen. Dieser Arbeit, die u.a. auf Vorarbeiten in [Roh85] zurückgeht, wurde auch der hier enthaltene Anforderungskatalog für Silbentrennverfahren entnommen. Für die Trennregeln der deutschen Sprache ist [Dud86] maßgeblich. Der Trennalgorithmus von Liang wurde erstmals in [Lia83] dargestellt.

3.2 Silbentrennung mit TEX

TEX trennt nach dem Verfahren von Liang. Die Unabhängigkeit dieses Verfahrens von der verwendeten Sprache im oben definierten Sinne hat sicherlich dazu beigetragen, daß sich TEX auch in nichtenglischen Sprachräumen stark verbreitet hat. Inzwischen existieren Trennmuster u.a. für die Sprachen (amerikanisches) Englisch, Deutsch, Französisch, Italienisch, Türkisch und Portugiesisch.

Allerdings hat TEX, was seine Trennfähigkeiten im Deutschen angeht, noch einen erheblichen Schönheitsfehler. TEX trennt nämlich keine Wörter, von denen Teile durch Kommandos erzeugt werden. Umlaute und der Buchstabe ß werden in TEX aber leider mit Kommandos erzeugt. Das bedeutet, daß TEX Wörter, die einen Umlaut oder den Buchstaben ß enthalten, höchstens bis zu dem ersten Vorkommen eines solchen Zeichens trennt. Obwohl es Teillösungen für dieses Problem gibt, kann man eine endgültige Lösung erst mit speziell an die deutsche Sprache angepaßten Schriften erwarten, die beispielsweise Umlaute als eigenständige Zeichen enthalten, statt sie durch das Übereinandersetzen von Umlautpunkten und Vokal mit einem Kommando neu zu erzeugen.

TEX bietet die Möglichkeit, optionale Trennstellen explizit mit dem Kommando \- zu kennzeichnen. Durch Eingabe der Zeichenfolge `M"og\-lich\-keit` kann man beispielsweise sicherstellen,

daß dieses Wort getrennt werden kann, wenn es an ein Zeilenende
gerät. Solche expliziten Trennstellen wird man jedoch aus ökonomischen Gründen nur verwenden, wenn TeX ohne diese Trennstellen
keinen akzeptablen Umbruch finden kann.

Neben den Trennmustern führt TeX noch ein Ausnahmewörterbuch, an das man mit dem Kommando \hyphenation Wörter,
die vom Trennalgorithmus falsch getrennt werden, anhängen kann.
Das Kommando

```
\hyphenation{Be-die-nung tech-ni-sche Karls-ru-he
             Ty-po-gra-phie Frei-burg
             Wahr-schein-lich-keits-the-o-rie}
```

korrigiert einige von TeX falsch oder unvollständig getrennte Wörter. Leider gilt für Wörter im Ausnahmewörterbuch ebenfalls,
daß sie keine Umlaute und kein ß enthalten dürfen. Die Möglichkeit,
optionale Trennzeichen explizit einzugeben und ein Ausnahmewörterbuch zu führen, bietet heute fast jedes Textsystem.

Quellen

Die Problematik der Silbentrennung mit TeX im Deutschen wird
in [Sch84] dargestellt. Eine Möglichkeit der Schriftenanpassung an
die deutsche Sprache, die zu vernünftigem Trennverhalten führen
würde, wird in [App88] vorgeschlagen. Mit französischen und ita-
lienischen Trennmustern befaßt sich [Des85]. Hier wird auch eine
Möglichkeit behandelt, für gemischtsprachige Texte die Trennmuster von zwei Sprachen parallel zu benutzen.

Kapitel 4

Mathematische Formeln

4.1   Formeleingabe

Der Satz mathematischer Formeln nach traditionellen Methoden ist besonders zeitaufwendig, erfordert spezielle Maschinen und entsprechend ausgebildetes Personal und ist somit beträchtlich teurer als der Satz anderer Texte.

Es sind im wesentlichen zwei Eigenschaften mathematischer Formeln, die ihren Satz zum Problem machen. Die erste Eigenschaft besteht in der Vielzahl von Zeichen und Symbolen, die in mathematischen Formeln auftreten können. Neben normalen, kursiven und fetten Schriften sind für den Satz mathematischer Texte eine griechische Schrift, eine Frakturschrift und eine Schreibschrift notwendig. Vielfach werden einfache Buchstaben mit Akzenten versehen, um die Beziehungen einzelner mathematischer Elemente zueinander auszudrücken. Einige gängige Akzente sind $\hat{a}$, $\breve{a}$, $\tilde{a}$, $\acute{a}$, $\grave{a}$, $\dot{a}$, $\ddot{a}$, $\check{a}$, $\bar{a}$ und $\vec{a}$.

Neben lateinischen und griechischen Buchstaben und ihren akzentuierten Varianten finden sich in mathematischen Texten eine Fülle von Sondersymbolen. Swanson führt in [Swa79] 180 Symbole auf, die nach Einschätzung der AMS, der American Mathematical

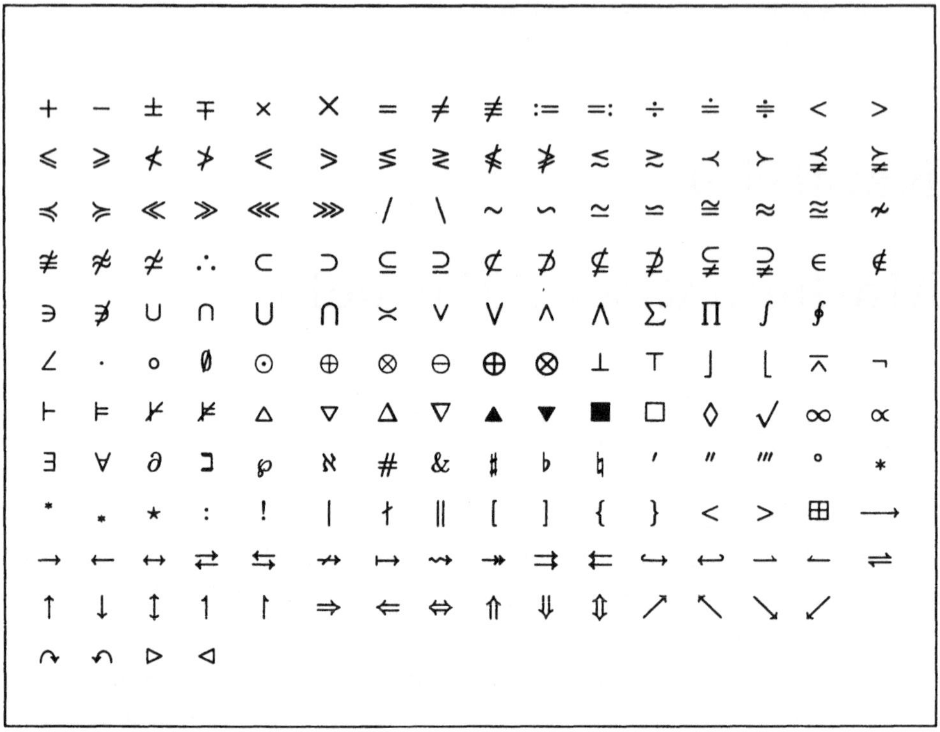

Abbildung 4.1 *Ein Mindestvorrat an mathematischen Symbolen*

Society, für den Satz mathematischer Texte auf jeden Fall erforderlich sind. Diese Symbole sind in Abbildung 4.1 dargestellt. Mit einem solchen Zeichenvorrat lassen sich dann die in Abbildung 4.2 gezeigten Formeln linear zusammensetzen.

Eine von Mathematikern oft geforderte Schriftvariante ist Blackboard Bold, mit der Zahlenmengen wie die natürlichen, ganzen, rationalen, reellen und komplexen Zahlen bezeichnet werden. Die entsprechenden Zeichen sind **N**, **Z**, **Q**, **R** und **C**. Interessant ist, daß die entsprechenden Zahlenmengen in mathematischen Büchern und Fachzeitschriften ursprünglich mit fetten (**N**, **Z**, ...) oder fet-

$$(P \vee Q)(A) \Leftrightarrow \exists x \, \forall y \, P'(A, x, y) \vee \exists z \, \forall w \, Q'(A, z, w)$$

$$|\vec{x} \cdot \vec{y}| = |\vec{x}||\vec{y}| \cos \angle(\vec{x}, \vec{y})$$

$$a(x + y) = ax + ay$$

$$(\phi \circ \psi)x = \phi(\psi x)$$

Abbildung 4.2 *Lineare mathematische Formeln mit Sonderzeichen*

ten serifenlosen (N, Z, ...) Großbuchstaben dargestellt worden sind. Die Blackboard-Bold-Varianten, in denen ein normalgewichtiger Buchstabe mit einem senkrechten Strich angereichert wird, wurden von Mathematikern als Ersatz für die fetten Buchstaben entwickelt, um sie an der Tafel oder in Manuskripten bequemer schreiben zu können. Nun, da der Satz mathematischer Texte in großem Umfang in die Hände der Autoren übergegangen ist, findet diese Notation auch Eingang beispielsweise in mathematische Lehrbücher.

Vielfache Schriften und Symbole machen jedoch nur einen kleinen Bruchteil der Komplexität mathematischer Formeln aus. Die wirkliche Schwierigkeit besteht darin, daß in einer mathematischen Formel die Beziehung von Teilformeln zueinander durch ihre zweidimensionale räumliche Anordnung ausgedrückt wird. So wird beispielsweise der Bruch „n dividiert durch $n + 1$" ausgedrückt durch die räumliche Anordnung $\frac{n}{n+1}$, wobei der Zähler n, durch einen waagerechten Strich getrennt, oberhalb des Nenners $n + 1$ positioniert wird. Ebenso wird die Formel „n zum Quadrat" durch n^2 dargestellt. Der Exponent 2 wird also relativ zur Basis n etwas erhöht. Vergleicht man eine Formel mit glattem Text, so besteht glatter

Text aus einer linearen Abfolge von Zeichen. Eine Formel dagegen besteht aus einer linearen Abfolge von Teilformeln, wobei eine Teilformel ein einfaches Zeichen bzw. Sondersymbol sein kann. Eine Teilformel kann jedoch auch aus einem mathematischen Konstrukt wie einem Bruch bestehen, an dem mehrere andere Teilformeln, in unserem Beispiel Zähler und Nenner, beteiligt sind. Diese Teilformeln werden nach Regeln, die von dem Konstrukt abhängen, eventuell unter Benutzung weiterer graphischer Elemente wie eines Bruchstrichs relativ zueinander positioniert. Jede an einem solchen Konstrukt beteiligte Teilformel kann wieder eine beliebig komplexe Formel sein, die nach den oben beschriebenen Prinzipien aufgebaut ist.

Als Beispiel betrachten wir die Gaußsche Summenformel

$$\sum_{0}^{n-1} e^{\frac{2\pi i}{n}\nu^2} = \frac{1 + (-i)^n}{1 - i}\sqrt{n}.$$

Liest man diese Formel sequentiell von links nach rechts, so ist ihr erstes Element das mathematische Konstrukt Summe, an dem die sequentiellen Teilformeln 0 und $n - 1$ als untere und obere Grenze beteiligt sind. Das Summenkonstrukt wird mit Hilfe des Zeichens $\sum$ dargestellt, über und unter dem die Formeln für die obere und die untere Grenze angebracht sind. Die nächste Teilformel ist der Buchstabe e, gefolgt von dem Konstrukt Exponent oder oberer Index, das aus der Formel $\frac{2\pi i}{n}\nu^2$ besteht. Die nächste Teilformel ist das Symbol $=$, gefolgt von den mathematischen Konstrukten Bruch und Wurzel. Der Exponent von e wiederum setzt sich zusammen aus einem Bruch $\frac{2\pi i}{n}$, dem griechischen Buchstaben ν und dem Exponenten 2. Entsprechend lassen sich auch alle anderen bisher aufgetretenen Teilformeln weiter analysieren.

Mathematische Konstrukte sind

- summenähnliche Konstrukte wie Summe (Σ), Produkt (Π) oder Integral ($\int$),

- bruchähnliche Konstrukte wie Bruch oder Binomialkoeffizient,

- Wurzeln,

- Exponenten und Indizes,

- senkrechte und waagerechte Klammern, Über- und Unterstreichungen, die mit der Größe der umschlossenen Teilformel mitwachsen und

- Matrizen.

Abbildung 4.3 zeigt diese Konstrukte an Beispielformeln.

Bisher haben wir nur die Bestandteile von mathematischen Formeln und ihre relativen räumlichen Beziehungen zueinander beschrieben. Sollen diese Formeln jedoch mit einem Computerprogramm gesetzt werden, müssen noch zwei Probleme gelöst werden. Das erste Problem besteht darin, nach welchen typographischen Regeln die Formeln zusammengesetzt werden. Das zweite Problem besteht darin, eine geeignete Form für die Eingabe mathematischer Formeln in den Computer zu finden.

Wenden wir uns zunächst der Typographie mathematischer Formeln zu. Dazu betrachten wir als erstes die einfache lineare Formel

$$-w = u + v.$$

Diese Formel wird als vollständiger Satz gelesen, nämlich „minus w ist gleich u plus v". Das Gleichheitszeichen spielt also die Rolle des Prädikats, $-w$ ist das Subjekt und $u + v$ ist das Objekt des Satzes. Die Variablen u, v und w entsprechen Substantiven, das

$$\sin 18^\circ = \frac{1}{4}(\sqrt{5} - 1)$$

$$I(\lambda) = \iint_D g(x, y) e^{i\lambda h(x,y)}\, dx\, dy$$

$$\prod_{j \geq 0}\left(\sum_{k \geq 0} a_{jk} z^k\right) = \sum_{n \geq 0} z^n \left(\sum_{\substack{k_0, k_1, \ldots \geq 0 \\ k_0 + k_1 + \cdots = n}} a_{0k_0} a_{1k_1} \cdots\right)$$

$$d_{1,2} = \sqrt{a^2 + b^2 \pm 2a\sqrt{b^2 - h_a^2}}$$

$$\frac{(n_1 + n_2)!}{n_1!\, n_2!} = \binom{n_1 + n_2}{n_2}$$

$$\underbrace{a, \ldots, a}_{k \text{ Elemente}}$$

$$\det \begin{vmatrix} c_0 & c_1 & c_2 & \cdots & c_n \\ c_1 & c_2 & c_3 & \cdots & c_{n+1} \\ c_2 & c_3 & c_4 & \cdots & c_{n+2} \\ \vdots & \vdots & \vdots & & \vdots \\ c_n & c_{n+1} & c_{n+2} & \cdots & c_{2n} \end{vmatrix} > 0$$

Abbildung 4.3 *Mathematische Konstrukte in Beispielen*

Minuszeichen ist ein Adjektiv zu w, und das Pluszeichen ist eine
Konjunktion zwischen u und v. Entsprechend dieser grammatischen Gliederung sind die Abstände zwischen den Formelbestandteilen gewählt. Der größte Freiraum besteht links und rechts von dem Gleichheitszeichen, also dem Prädikat. Der freie Platz links und rechts von dem Pluszeichen, also einer Konjunktion, ist etwas kleiner, und zwischen Adjektiv und Substantiv in $-w$ ist gar kein Platz freigelassen worden. Schon für einfache lineare Formeln sind die typographischen Regeln zum Aneinanderreihen von Formelbestandteilen also wesentlich komplizierter als bei glattem Text. Bei glatten Texten hängt der Zwischenraum zwischen zwei Zeichen nur von den beiden angrenzenden Zeichen ab. Bei einer mathematischen Formel hängt der Zwischenraum zusätzlich von der Funktion der angrenzenden Zeichen in der Gesamtformel ab. So ist beispielsweise der Zwischenraum zwischen dem Minuszeichen und w in der Formel

$$u = v - w$$

größer als in der oben betrachteten Formel, da das Minuszeichen einmal die Funktion einer Konjunktion und einmal die Funktion eines Adjektivs hat.

Bei mathematischen Konstrukten, die eine vertikale Verschiebung von Teilformeln nach oben oder unten mit sich bringen, ändern sich neben den horizontalen Abständen auch die Zeichengrößen in den betreffenden Teilformeln. In der Formel

$$e^{-w} = e^{u-v}, \quad e^{u} = e^{v-w}$$

erscheinen die Exponenten um eine Stufe kleiner als vorher, dafür wirkt sich der syntaktische Unterschied zwischen dem Minuszeichen als Adjektiv und als Konjunktion im Exponenten nicht mehr in unterschiedlichen horizontalen Zwischenräumen aus. Auch die hori-

zontale Verschiebung von Exponenten gegenüber der Basis hängt
von den Umständen ab. Beispielsweise ist in der Formel

$$(a^2)^{-1} = \frac{1}{a^2}$$

die vertikale Verschiebung des Exponenten 2 gegenüber der Basis a
auf der rechten Seite der Gleichung unter dem Bruchstrich geringer
als auf der linken Seite in der freistehenden Formel a^2.

Diese Beispiele beschreiben die typographischen Regeln, nach
denen Formeln gesetzt werden, nur ansatzweise. Sie sind jedoch
detailliert genug, um deutlich zu machen, daß man die Umsetzung
dieser Regeln nicht von dem Autor/Setzer verlangen kann, der eine
mathematische Formel eingibt, selbst wenn der Betreffende die mathematische Bedeutung der Formel kennt. Eine vernünftige Beschreibungssprache für mathematische Formeln darf sich also nicht
auf die *Positionierung* mathematischer Objekte beziehen. Vielmehr
sollte sie die *Struktur* der Formel zum Gegenstand haben und es
einem Programm, das mit typographischem Fachwissen über Formelsatz ausgestattet ist, überlassen, aus der Strukturbeschreibung
die Positionierung der einzelnen Bestandteile zu berechnen.

Der Unterschied zwischen beiden Ansätzen soll an Hand der
Formel

$$\frac{n}{n+1}$$

deutlich gemacht werden. Eine Beschreibungssprache, die sich auf
das *Wie* des Layouts bezieht, würde im Prinzip Anweisungen der
folgenden Art enthalten:

- Ziehe einen Bruchstrich von der Breite der sequentiellen Formel $n + 1$ in Normalgröße.

- Setze die sequentielle Formel $n + 1$ in Normalgröße um 8pt
  unter den Bruchstrich.

- Zentriere die Formel n in Normalgröße um 2pt über dem Bruchstrich.

Würde dieselbe Formel in einem anderen Zusammenhang, etwa als Exponent, noch einmal auftreten, müßte man die Größenangaben und die vertikalen Abstände der Teilformeln zum Bruchstrich entsprechend modifizieren. Bezieht sich eine Beschreibungssprache jedoch auf das *Was* der logischen Struktur der Formel, so würde man Anweisungen der folgenden Art erwarten:

- Setze einen Bruch, dessen Zähler aus der sequentiellen Formel n und dessen Nenner aus der sequentiellen Formel $n + 1$ besteht.

Die Bestimmung des Kontextes und die entsprechende Positionierung der Bestandteile würden dann von einem Programm übernommen.

Auf dieses Prinzip der logischen Beschreibung anstelle einer layoutbezogenen Beschreibung werden wir in Abschnitt 6.2 in einem größeren Zusammenhang noch einmal zurückkommen.

Quellen

Ausführliche Angaben über typographische Konventionen im Formelsatz finden sich in [Swa79]. Dagegen beschäftigt sich [Qui84] mit speziellen Beschreibungssprachen für mathematische Formeln. In [KL82] wird ein System zum Formelsatz vorgestellt, das zwar eine strukturorientierte Beschreibungssprache benutzt, dem aber zur Umsetzung der beschriebenen Formeln in eine zweidimensionale Gestalt das typographische Fachwissen fehlt. Einen kurzen Vergleich dreier Textverarbeitungssysteme mit Befähigung zum mathematischen Formelsatz unter Berücksichtigung von Handhabbarkeit und typographischer Qualität ist in [HR87] enthalten.

4.2   Formeleingabe mit TeX

TeXs Eingabesprache für mathematische Formeln orientiert sich
an der logischen Struktur der Formeln. TeX beschreibt die in einer
Formel auftretenden Zeichen und Konstrukte sequentiell von links
nach rechts. Jedem Konstrukt ist ein Kommando zugeordnet, das
die beteiligten Teilformeln als Argumente enthält. Die Teilformeln
werden dann wieder sequentiell von links nach rechts beschrieben,
mit entsprechenden Kommandos für die in den Teilformeln auftretenden Konstrukte, usw. Eine TeX-Formel ist also eine linearisierte
Beschreibung der Formel in ihrer zweidimensionalen Gestalt. TeX
wandelt dann eine solche linearisierte Formel unter Beachtung der
traditionellen typographischen Regeln für den Formelsatz in eine
zweidimensionale Darstellung um.

Im vorhergehenden Absatz wurde erläutert, wie sich auch schon
bei einfachen linearen Formeln die Regeln für die horizontalen Abstände zwischen den Zeichen von den Regeln zum Zusammensetzen
von Buchstaben zu Wörtern im glatten Text unterscheiden. Der
Benutzer muß TeX also mitteilen, wann er eine Formel anfangen
bzw. beenden möchte, um TeX von dem Textmodus in den Formelmodus umzuschalten und umgekehrt. Als Umschaltzeichen dient in
TeX der Dollar (\$). Die Eingabe `$u=v-w$` mitten im Text erzeugt
also die Formel $u = v - w$. Dieselbe Eingabe ohne die Dollarzeichen links und rechts hätte im Textmodus das Ergebnis u=v-w
erzeugt. Der Formelmodus sorgt also nicht nur für die richtigen
Abstände zwischen den Zeichen, sondern sorgt auch automatisch
dafür, daß die Variablen u, v und w entsprechend mathematischem
Brauch in einer kursiven Schrift gesetzt werden. Will man eine
Formel in einer Zeile für sich allein haben, so benutzt man zum
Umschalten in den Formelmodus und zum Zurückschalten in den
Textmodus jeweils zwei Dollarzeichen direkt hintereinander. Die

Eingabe `$$u=v-w$$` erzeugt also

$$u = v - w$$

zentriert in einer Zeile für sich.

Als nächstes wollen wir uns nun der Frage zuwenden, wie in TEX spezielle mathematische Symbole erzeugt werden können. Diese Symbole sind in den TEX-Schriften Computer Modern Math Italic (cmmi), Computer Modern Symbol (cmsy) und Computer Modern Extended (cmex) enthalten. Wie kann man aber nun auf die einzelnen Zeichen in diesen Schriften am bequemsten zugreifen? Die Zeichen in jeder Schrift sind intern im Rechner durchnumeriert, und zwar von 0 bis 127 oder von 0 bis 255. Die Zuordnung von Buchstaben zu Positionen in einer Schrift ist durch eine Kodierungstabelle gegeben. TEX verwendet, wie viele andere Systeme, die ASCII-Kodierung, die beispielsweise dem Buchstaben m die Positionsnummer 109 zuweist. Für den Benutzer von TEX bedeutet das, daß er jedesmal, wenn er auf seiner Tastatur die Taste m eingibt, von der gerade aktuellen Schrift das Zeichen mit der Nummer 109 erhält, und das ist glücklicherweise meistens wieder das Zeichen m.

Bei einer Schrift wie Computer Modern Symbol sind die einzelnen Positionen nicht mit den normalen Buchstaben des Alphabets, sondern mit Sonderzeichen belegt. Will man jetzt beispielsweise das Sonderzeichen $\Updownarrow$ erzeugen, so könnte man im Prinzip in einer Tabelle nachgucken, in welcher Schrift und an welcher Position das Zeichen $\Updownarrow$ vorkommt. Es würde sich dabei herausstellen, daß das Zeichen $\Updownarrow$ an Position 109 in der Schrift Computer Modern Symbol vorhanden ist. Umschalten in die entsprechende Schrift und Drücken der Taste m würde also das gewünschte Zeichen liefern. Es gibt tatsächlich Textsysteme, in denen Sonderzeichen nach dieser umständlichen Methode eingegeben werden müssen. TEX bietet da glücklicherweise eine komfortablere Methode an, indem es für alle

$\hbar$	\hbar	$\emptyset$	\emptyset	$\exists$	\exists
$\imath$	\imath	∇	\nabla	$\neg$	\neg
$\jmath$	\jmath	$\surd$	\surd	$\flat$	\flat
ℓ	\ell	$\top$	\top	$\natural$	\natural
$\wp$	\wp	$\bot$	\bot	$\sharp$	\sharp
$\Re$	\Re	$\|$	|	$\clubsuit$	\clubsuit
$\Im$	\Im	$\angle$	\angle	$\diamondsuit$	\diamondsuit
∂	\partial	$\triangle$	\triangle	$\heartsuit$	\heartsuit
∞	\infty	$\backslash$	\backslash	$\spadesuit$	\spadesuit

Abbildung 4.4 *Spezielle Symbole*

Sonderzeichen Kommandos vordefiniert hat, die die entsprechenden Zeichen erzeugen. Das Zeichen $\Updownarrow$ etwa wird im Formelmodus durch den Befehl **\Updownarrow** erzeugt.

Die Kommandos für Sonderzeichen in TeX sind zwar unter Umständen etwas lang, aber dafür leicht zu behalten und systematisch gewählt. Es ist jetzt z.B. leicht zu behalten, daß die Zeichen $\Uparrow$ und $\Downarrow$ mit den Befehlen **$\Uparrow$** und **$\Downarrow$** eingegeben werden und daß die entsprechenden Pfeile $\updownarrow$, $\uparrow$ und $\downarrow$ mit einfachem Stamm analog durch die Befehle **$\updownarrow$**, **$\uparrow$** und **$\downarrow$** erzeugt werden. Abbildungen 4.4–4.9 listen die in TeX zur Verfügung stehenden Sonderzeichen und die Befehle, unter denen sie ansprechbar sind, auf.

Griechische Buchstaben erzeugt man in TeX über ihre Namen, etwa **\gamma** für γ und **\Gamma** für Γ. Kalligraphische Großbuchstaben stehen nach Umschalten in die Schrift **\cal** und Eingabe des gewünschten Buchstabens zur Verfügung. $\mathcal{AMS}$-TeX, ein Erweiterungspaket zu TeX, bietet neben zusätzlichen Sonderzeichen noch eine Frakturschrift und eine Blackboard Bold an. Die in Ab-

Σ	$\sum$	\sum	$\cap$	$\bigcap$	\bigcap	$\odot$	$\bigodot$	\bigodot
Π	$\prod$	\prod	$\cup$	$\bigcup$	\bigcup	$\otimes$	$\bigotimes$	\bigotimes
$\amalg$	$\coprod$	\coprod	$\sqcup$	$\bigsqcup$	\bigsqcup	$\oplus$	$\bigoplus$	\bigoplus
$\int$	$\int$	\int	$\vee$	$\bigvee$	\bigvee	$\uplus$	$\biguplus$	\biguplus
$\oint$	$\oint$	\oint	$\wedge$	$\bigwedge$	\bigwedge			

Abbildung 4.5 *Große Operatoren*

$\pm$	\pm	$\cap$	\cap	$\vee$	\vee
$\mp$	\mp	$\cup$	\cup	$\wedge$	\wedge
$\setminus$	\setminus	$\uplus$	\uplus	$\oplus$	\oplus
$\cdot$	\cdot	$\sqcap$	\sqcap	$\ominus$	\ominus
$\times$	\times	$\sqcup$	\sqcup	$\otimes$	\otimes
$\ast$	\ast	$\triangleleft$	\triangleleft	$\oslash$	\oslash
$\star$	\star	$\triangleright$	\triangleright	$\odot$	\odot
$\diamond$	\diamond	$\wr$	\wr	$\dagger$	\dagger
$\circ$	\circ	$\bigcirc$	\bigcirc	$\ddagger$	\ddagger
$\bullet$	\bullet	$\bigtriangleup$	\bigtriangleup	$\amalg$	\amalg
$\div$	\div	$\bigtriangledown$	\bigtriangledown		

Abbildung 4.6 *Binäre Operatoren*

$\leq$	\leq	$\geq$	\geq	$\equiv$	\equiv
$\prec$	\prec	$\succ$	\succ	$\sim$	\sim
$\preceq$	\preceq	$\succeq$	\succeq	$\simeq$	\simeq
$\ll$	\ll	$\gg$	\gg	$\asymp$	\asymp
$\subset$	\subset	$\supset$	\supset	$\approx$	\approx
$\subseteq$	\subseteq	$\supseteq$	\supseteq	$\cong$	\cong
$\sqsubseteq$	\sqsubseteq	$\sqsupseteq$	\sqsupseteq	$\bowtie$	\bowtie
$\in$	\in	$\ni$	\ni	$\propto$	\propto
$\vdash$	\vdash	$\dashv$	\dashv	$\models$	\models
$\smile$	\smile	$\mid$	\mid	$\doteq$	\doteq
$\frown$	\frown	$\parallel$	\parallel	$\perp$	\perp

Abbildung 4.7 *Relationen*

schnitt 4.1 angeführten Akzente können mit den in Abbildung 4.10 definierten Befehlen erzeugt werden.

Die Namen von Standardfunktionen wie log oder sin werden in mathematischen Texten nicht kursiv, sondern in Normalschrift geschrieben, um beispielsweise den Namen log von dem Produkt *log* der Variablen *l*, *o* und *g* zu unterscheiden. Deshalb gibt es für diese Funktionen die in Abbildung 4.11 zusammengestellten Befehle.

Die Eingabe mathematischer Konstrukte ist in TeX ziemlich einfach. Exponenten und Indizes werden durch die Eingabezeichen ^ und _ gekennzeichnet. Die Teilformel, die den Exponenten oder Index bilden soll, folgt in geschweiften Klammern. Jedes Zeichen und jedes Konstrukt kann einen Exponenten oder einen Index oder beides nach sich ziehen. Sind sowohl ein Index als auch ein Exponent vorhanden, so ist die Reihenfolge der Eingabe beliebig:

$e^{-i\pi t}$ `e^{-i\pi t}`

a_i^j `a_{i}^{j}` oder `a^{j}_{i}`

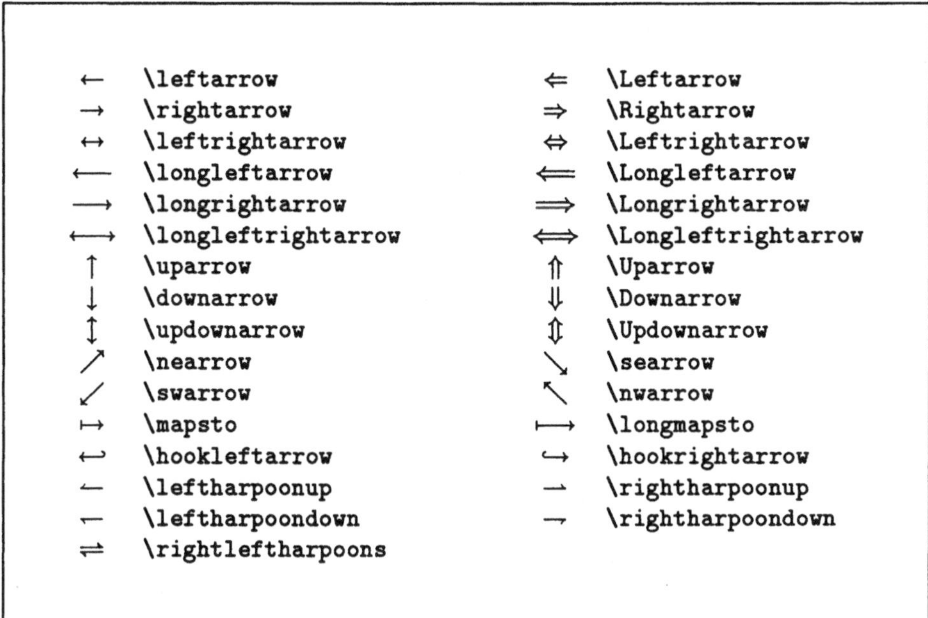

Abbildung 4.8 *Pfeile*

```
[   \lbrack        ⌊   \lfloor        ⌈   \lceil
]   \rbrack        ⌋   \rfloor        ⌉   \rceil
{   \lbrace        ⟨   \langle        \   \backslash
}   \rbrace        ⟩   \rangle
```

Abbildung 4.9 *Klammern*

$\hat{a}$	\hat a	$\check{a}$	\check a	$\tilde{a}$	\tilde a
$\acute{a}$	\acute a	$\grave{a}$	\grave a	$\dot{a}$	\dot a
$\ddot{a}$	\ddot a	$\breve{a}$	\breve a	$\bar{a}$	\bar a
$\vec{a}$	\vec a				

Abbildung 4.10 *Akzente*

\arccos	\cos	\csc	\exp	\ker	\limsup	\min	\sinh
\arcsin	\cosh	\deg	\gcd	\lg	\ln	\Pr	\sup
\arctan	\cot	\det	\hom	\lim	\log	\sec	\tan
\arg	\coth	\dim	\inf	\liminf	\max	\sin	\tanh

Abbildung 4.11 *Vordefinierte Funktionsnamen*

Die gleiche Terminologie wird auch für die Eingabe von oberen und unteren Grenzen bei großen Operatoren wie dem Summenzeichen und bei vordefinierten Funktionen verwendet:

$$\sum_{i=1}^{n} i^2, \ \Sigma_{i=1}^{n} i^2 \qquad \texttt{\textbackslash sum\_\{i=1\}\^\{n\} i\^\{2\}}$$

$$\lim_{x\to\infty} f(x), \ \lim_{x\to\infty} f(x) \qquad \texttt{\textbackslash lim\_\{x\textbackslash rightarrow\textbackslash infty\} f(x)}$$

Dabei erhält man die linke Variante in abgesetzten Formeln und die rechte Variante im laufenden Text. Auf diese Weise werden unregelmäßige Zeilenabstände, die durch komplexe Formeln im laufenden Text verursacht werden, möglichst vermieden.

Ein Bruch wird durch das Kommando \over erzeugt, das zwischen Zähler und Nenner steht. Der gesamte Bruch wird von geschweiften Klammern umgeben. Analog funktioniert das Kommando \choose für Binomialkoeffizienten

$$\frac{a+b}{2}+v \qquad \texttt{\{a+b\textbackslash over2\}+v}$$

$$\binom{a+b}{2}+v \qquad \texttt{\{a+b\textbackslash choose2\}+v}$$

Wurzelzeichen entstehen mit dem Befehl \sqrt (squareroot), gefolgt von dem Radikal, und \root erzeugt Wurzeln mit beliebiger Basis.

$$\sqrt{b^2-4ac} \qquad \texttt{\textbackslash sqrt\{b\textasciicircum\{2\}-4ac\}}$$

$$\sqrt[3]{-q+\sqrt{q^2+p^3}} \qquad \texttt{\textbackslash root3\textbackslash of\{-q+\textbackslash sqrt\{q\textasciicircum\{2\}+p\textasciicircum\{3\}\}\}}$$

Matrizen produziert das Kommando \matrix. In geschweiften Klammern folgen zeilenweise die Matrixeinträge, innerhalb einer Zeile durch das Zeichen & und an Zeilengrenzen durch \cr getrennt. Klammern, die sich automatisch der Matrixgröße anpassen, erzeugt man mit den Kommandos \left und \right, gefolgt von der gewünschten Klammerform.

$$A = \begin{pmatrix} x-\lambda & 1 & 0 \\ 0 & x-\lambda & 1 \\ 0 & 0 & x-\lambda \end{pmatrix}$$

```
A=\left(\matrix{
x-\lambda&1&0\\
0&x-\lambda&1\\
0&0&x-\lambda}
      \right)
```

$$\det \begin{vmatrix} x-\lambda & 1 & 0 \\ 0 & x-\lambda & 1 \\ 0 & 0 & x-\lambda \end{vmatrix}$$

```
\det\left|
\matrix{
x-\lambda&1&0\\
0&x-\lambda&1\\
0&0&x-\lambda}
      \right|
```

TEXs Beschreibungssprache für mathematische Formeln sieht auch die Numerierung von Gleichungen oder die Zusammenfassung mehrerer Formeln zu Gleichungssystemen vor, die beispielsweise an einem Gleichheitszeichen ausgerichtet werden können. Komfortabler lassen sich solche Elemente vielleicht mit dem Makropaket $\mathcal{A}_{\mathcal{M}}\mathcal{S}$-TeX setzen, das speziell auf Texte mit umfangreichem Formelanteil zugeschnitten ist.

Quellen

Die Beschreibung der Formelsprache für TeX ist in [Knu86] enthalten. Das Makropaket $\mathcal{A}_{\mathcal{M}}\mathcal{S}$-TeX wurde in enger Zusammenarbeit mit der American Mathematical Society entwickelt. Das Handbuch zu $\mathcal{A}_{\mathcal{M}}\mathcal{S}$-TeX ist [Spi86].

4.3　Typographische Umsetzung

Bei der Gestaltung glatter Texte gibt es sehr viele Freiheitsgrade, die sich etwa auf die Wahl der Schriften, die Absatzformen oder den Durchschuß beziehen. Angemessene Parametersetzungen hängen zum einen von dem visuellen und ästhetischen Urteil des Gestalters, zum anderen aber auch von dem Inhalt und Gebrauchszweck des Textes ab. Im Vergleich dazu sind die typographischen Regeln, nach denen Formeln gesetzt werden, verhältnismäßig starr und entscheidend von den technischen Hilfsmitteln in den Setzereien beeinflußt. So ist unser heutiges Empfinden für den richtigen Satz von Formeln sehr stark von den technischen Möglichkeiten des Vier-Zeilen-Verfahrens von Monotype geprägt, mit dem vor dem Aufkommen des Fotosatzes mehrere Jahrzehnte lang der überwiegende Teil mathematischer Texte gesetzt wurde.

TeX war das erste Programm, das den Autoren direkt zur Verfügung stand und das die typographischen Regeln für den mathematischen Formelsatz beherrschte. Deshalb soll TeXs Zugang zu diesen typographischen Regeln hier näher beschrieben werden. TEX verfügt über vier Mechanismen, durch deren Zusammenspiel es möglich ist, aus einer linearisierten logischen Beschreibung einer Formel automatisch eine typographisch korrekte zweidimensionale Repräsentation dieser Formel zu entwickeln. Diese vier Mechanismen sind

- Stilzuweisungen,

- Schriftgruppen,

- Klassen und

- Positionierungsparameter.

Die Stilzuweisungen regeln unter anderem die Größenverhältnisse der Grundsymbole, aus denen eine Formel besteht. Es gibt insgesamt vier Stile D, T, S und SS für abgesetzte Formeln (D=Display), Formeln im laufenden Text (T=Text), und untere und obere Indizes erster und zweiter Stufe (S=Script, SS=Scriptscript). Zeichen in den Stilen D oder T erscheinen in normaler Textgröße. Zeichen vom Stil S sind dagegen um eine Stufe und Zeichen vom Stil SS sind um zwei Stufen verkleinert. Weitere Größenabstufungen werden im Sinne der Lesbarkeit nicht vorgenommen. Neben den vier Grundstilen gibt es noch vier gestauchte Varianten D', T', S' und SS' für Situationen, in denen das Wachstum einer Formel nach oben beschränkt werden soll.

Aus dem Stil einer Formel läßt sich der Stil aller ihrer Teilformeln und der in ihr enthaltenen Symbole nach folgenden Vererbungsgesetzen berechnen.

- Abgesetzte Formeln haben den Stil D.

- Formeln im laufenden Text haben den Stil T.

- Hat eine (Teil-) Formel ϕ den Stil C und ist ϕ die sequentielle Folge der Symbole und Konstrukte $\phi = \phi_1 \ldots \phi_n$, so hat jedes ϕ_i ebenfalls den Stil C.

- Der Stil eines Exponenten und eines Indexes kann an Hand der folgenden Tabelle aus dem Stil der Basis berechnet werden:

Basis	Exponent	Index
D, T	S	S'
D', T'	S'	S'
S, SS	SS	SS'
S', SS'	SS'	SS'

- Der Stil von Zähler und Nenner eines Bruchs ergibt sich aus dem Stil des Bruchs nach folgender Tabelle:

Bruch	Zähler	Nenner
D	T	T'
D'	T'	T'
T	S	S'
T'	S'	S'
S, SS	SS	SS'
S', SS'	SS'	SS'

- Ähnliche Regeln bestehen für alle anderen mathematischen Konstrukte.

Betrachten wir beispielsweise die Formel

$$\frac{a}{b^2 + c^{2^n}},$$

so hat die gesamte Formel den Stil D, also der Zähler a den Stil T und der Nenner $b^2 + c^{2^n}$ den Stil T'. Die Teilformeln b^2, $+$ und c^{2^n} haben somit auch den Stil T'. Die Zeichen b und c bleiben ebenfalls im Stil T', und für die Exponenten 2 und 2^n ergibt sich der Stil S'. Die zweite 2 bleibt ebenfalls im Stil S', und der Exponent n bekommt den Stil SS' zugeordnet. Dementsprechend erscheinen die Zeichen a, b, c und $+$ in normaler Größe, die beiden Zweien sind um eine Stufe kleiner, und der Exponent zweiten Grades, n, ist gegenüber der Normalgröße um zwei Stufen kleiner.

Der Stil einer Formel hat jedoch nicht nur Auswirkungen auf die relative Größe der in ihr enthaltenen Symbole, sondern beeinflußt auch die vertikale Positionierung von Exponenten relativ zur Basis und von Zähler und Nenner relativ zum Bruchstrich.

Der zweite Mechanismus, um das Layout einer Formel zu berechnen, sind Schriftgruppen. Die Schriftgruppen bestimmen die absolute Größe eines Zeichens in einem der acht Stile. TeX sieht insgesamt 16 Schriftgruppen $0, \ldots, 15$ vor, von denen jede aus drei Schriften besteht, der Textschrift, der Indexschrift und der Doppelindexschrift. Die Schriftgruppe 6 besteht beispielsweise aus der Textschrift cmbx10, der Indexschrift cmbx7 und der Doppelindexschrift cmbx5. Nach dem Kommando \fam6 würden alle Variablen statt in kursiver Schrift in fetter Schrift gesetzt, und zwar abhängig vom Stil in 10 p, 7 p oder 5 p. Soll nun das ganze Dokument in 12 p als Grundgröße gesetzt werden, könnte man einfach umdefinieren[1]

```
\textfont6=cmbx12
\scriptfont6=cmbx10
\scriptscriptfont6=cmbx8,
```

und Zeichen im Stil D, D', T oder T' würden entsprechend in 12 p gesetzt, mit Indizes ersten und zweiten Grades in 10 p und 8 p.

Das Kommando \bf hat zur Folge, daß das Kommando \fam6 automatisch ausgeführt wird, so daß ein Wechsel zu fetten Schriften

---

[1]Diese Definitionen müßten dann natürlich entsprechend auch mit den anderen Schriftgruppen vorgenommen werden.

im Formelmodus bewirkt, daß Variablen nicht nur fett, sondern auch in kontextabhängiger Größe erscheinen.

Der dritte Mechanismus betrifft die horizontalen Abstände in einer Formel. Jede Formel und alle ihre Teilformeln werden entsprechend ihrer syntaktischen Funktion einer von acht Klassen zugeordnet. Diese sind

- gewöhnliches Objekt (Ord) für Variablen,

- großer Operator (Op) für $\sum$, $\int$, ...

- binäre Operation (Bin) für $+$, $-$, $\cup$, $\cap$, ...

- Relation (Rel) für $=$, $\leq$, $\subseteq$, ...

- öffnende Klammer (Open) für (, [, $\langle$, ...

- schließende Klammer (Close) für),], $\rangle$, ...

- Satzzeichen (Punct)

- innere Formel (Inner) für Brüche, ...

Der horizontale Abstand zwischen zwei Zeichen oder Teilformeln richtet sich dann nach der Tabelle in Abbildung 4.12.

In unserer alten Beispielformel

$$-w = u + v$$

wird das Minuszeichen der Klasse Ord zugerechnet, da auf seiner linken Seite kein Ausdruck steht, der es zur binären Operation machen würde. Die Variablen u, v und w sind ebenfalls gewöhnliche Symbole. Das Gleichheitszeichen ist eine Relation und das Pluszeichen eine binäre Operation. Nach Abbildung 4.12 haben wir also den größten Zwischenraum links und rechts von dem Gleichheitszeichen, etwas weniger Zwischenraum rund um das Pluszeichen und

	Ord	Op	Bin	Rel	Open	Close	Punct	Inner
Ord	0	1	(2)	(3)	0	0	0	(1)
Op	1	1	*	(3)	0	0	0	(1)
Bin	(2)	(2)	*	*	(2)	*	*	(2)
Rel	(3)	(3)	*	0	(3)	0	0	(3) .
Open	0	0	*	0	0	0	0	0
Close	0	1	(2)	(3)	0	0	0	(1)
Punct	(1)	(1)	*	(1)	(1)	(1)	(1)	(1)
Inner	(1)	1	(2)	(3)	(1)	0	(1)	(1)

Abbildung 4.12 *Horizontale Zwischenräume in mathematischen Formeln. Die Ziffern 0, 1, 2 und 3 stehen für gar keinen, kleinen, mittelgroßen und großen Zwischenraum, Ziffern in runden Klammern bedeuten, daß der entsprechende Zwischenraum nur in den Stilen D, D', T und T' eingefügt wird, und Sternchen bedeuten, daß die entsprechende Kombination nicht vorkommen kann.*

gar keinen Zwischenraum nach dem Minuszeichen. Die von TEX gesetzten Zwischenräume entsprechen also der Bedeutung der Formelteile.

Der vierte Mechanismus regelt die genauen Beträge von vertikalen Verschiebungen durch Parameter, die in den TFM-Dateien der Schriftgruppen 2 (normalerweise cmsy) und 3 (normalerweise cmex) enthalten sind. Diese Parameter bestimmen beispielsweise die Höhe und Tiefe eines Exponenten oder Indexes, den freien Platz rund um Bruchstriche und die Dicke der Bruchstriche selbst.

Den Mathematikern unter den Lesern wird inzwischen aufgefallen sein, daß TEXs Beschreibungssprache für mathematische Formeln gar nicht die volle mathematische Struktur einer Formeln beschreibt. Die mathematische Struktur der Formel $(a + b)^2$ ist beispielsweise „Ausdruck $(a + b)$ zum Quadrat", d.h. die hochgestellte 2 bezieht sich auf den ganzen Ausdruck. Die TeX-Beschreibung dagegen sagt „Zeichenfolge aus (, a, $+$ und), und das letzte Zeichen wird mit dem Exponenten 2 versehen". TeX beschreibt also nicht die mathematische Struktur einer Formel, sondern die Struktur der Darstellung. Deshalb muß man auch kein Mathematiker sein, um die Formelsprache von TeX zu lernen, sondern es reicht, wenn man eine gegebene Formel als graphisches Gebilde mit bestimmten graphischen Strukturen betrachtet und diese graphischen Strukturen in die im vorigen Abschnitt beschriebenen mathematischen Konstrukte übersetzt. Es spricht für die Eleganz der typographischen Regeln, daß die Interpretation einer Formel als graphisches Gebilde mit diesen Regeln das Verständnis einer Formel in ihrer mathematischen Struktur so gut unterstützt.

Quellen

Die vier Mechanismen des Formelsatzes sind in [Knu86] erklärt.

Kapitel 5

Tabellensatz

5.1   Standardmethoden

Eine **Tabelle** ist eine Form der Zusammenstellung von gleichartigen Zahlen, Begriffen und Symbolen, die den Vorzug hat, übersichtlich geordnet und damit leicht und schnell verständlich zu sein. Die klare Gliederung ergibt sich aus den logischen Beziehungen der Zahlenwerte, Textteile und Zeichen zueinander. Die Zusammenstellung ergibt ein zweidimensionales Muster von Zeilen und Spalten.

Die erste Zeile einer Tabelle heißt **Tabellenkopf**, die übrigen Zeilen bilden den **Tabellenfuß**. Die erste Zeile dient der vertikalen und die erste Spalte der horizontalen Gliederung. Einzelne Einträge können aus mehreren Zeilen bestehen oder sich horizontal oder vertikal über mehrere Zellen erstrecken. Die Einträge können durch Linien oder freien Zwischenraum voneinander abgetrennt werden. Abbildung 5.1 zeigt den schematischen Aufbau einer Tabelle.

Probleme beim Tabellensatz kann man in folgende Gruppen einteilen:

- inhaltliche und organisatorische Probleme,

- typographische Probleme,

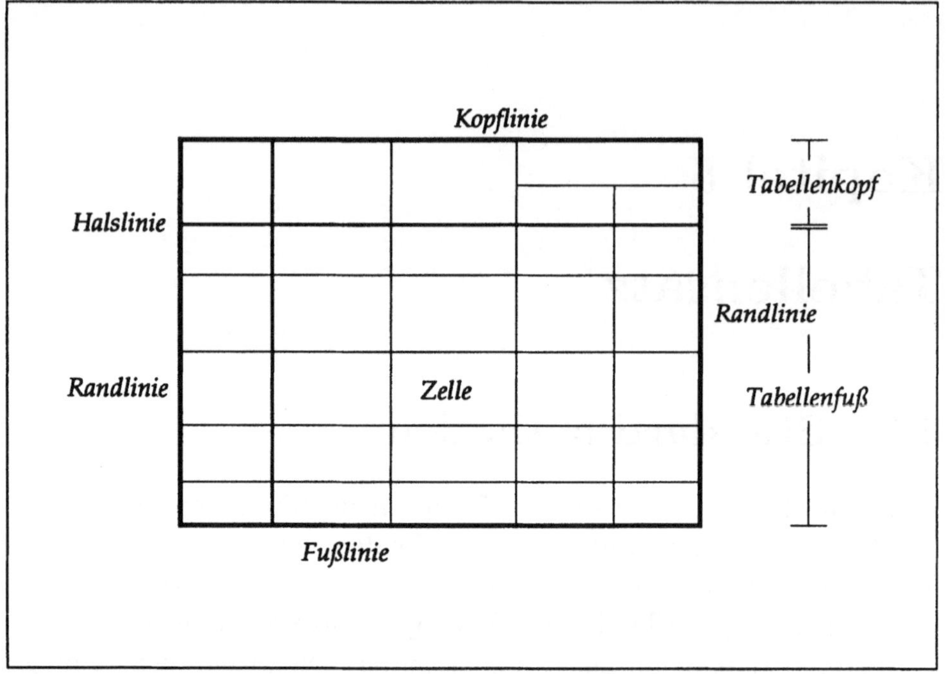

Abbildung 5.1 *Der schematische Aufbau einer Tabelle*

- auf Plazierung und Ausdehnung bezogene Probleme (algorithmische Probleme),

- auf die Benutzereingabe bezogene Probleme.

Nicht zu unterschätzende inhaltliche und organisatorische Arbeit muß bei der Auswahl, Anordnung und sprachlichen Darstellung der Daten geleistet werden, bevor eine Tabelle klar und aussagekräftig wird. Erst nachdem der Autor diese Aufgaben erfüllt hat, kann er darangehen, mit Hilfe von typographischen Gestaltungsmitteln die Aussagekraft einer Tabelle weiter zu steigern.

Im traditionellen Buchdruck werden dabei verschiedene Gliederungshilfen eingesetzt. Dazu gehören die Abtrennung von Zeilen und Spalten durch freie Zwischenräume und Linien und die Hervorhebung von Zeilen, Spalten oder einzelnen Zellen durch Fettdruck oder farbliche Hinterlegung. Was die Größe der Schriften im Tabellensatz angeht, so kann man Texte in Tabellen ähnlich wie in Fußnoten um eine Stufe kleiner setzen als den Grundtext. Da Tabellen nicht so flüssig wie ganze Absätze heruntergelesen werden müssen, ist damit der Lesbarkeit Genüge getan, und es kann wertvoller Platz gespart werden. Bei der Schriftwahl muß man im Tabellensatz darauf achten, daß die Schrift sich gegen die Linienabgrenzungen genügend abhebt. Problematisch sind hier wegen der starken Kontraste in der Strichstärke Schriften aus der Gruppe der klassizistischen Antiqua. Dagegen eignen sich serifenlose lineare Schriften für den Tabellensatz besonders gut.

Typographische Spezifikationen können sich im Tabellensatz auf die ganze Tabelle, Gruppen von Zeilen und Spalten, einzelne Zeilen und Spalten oder einzelne Einträge beziehen. Es wäre wünschenswert, wenn ein Textverarbeitungssystem für alle diese Situationen Unterstützung anbieten würde. Leider ist das in der Realität nicht der Fall. In der Regel kann man typographische Spezifikationen außer für die gesamte Tabelle und für einzelne Zellen entweder nur für einzelne Zeilen oder nur für einzelne Spalten vornehmen, nicht aber für beides. Das liegt daran, daß die meisten Textverarbeitungssysteme eine Tabelle als eine Abfolge von Zeilen betrachten. In diesem Fall unterstützen sie die Zeilenstruktur, aber nicht die Spaltenstruktur einer Tabelle. Das bedeutet, daß man zwar mit einem einzigen Befehl eine ganze Zeile fett setzen kann, daß man aber, um eine ganze Spalte fett zu setzen, für jede Zelle in dieser Spalte getrennt den Befehl zum Fettdruck eingeben muß. Eine ähnliche Unsymmetrie ergibt sich dann bei der Eingabe einer Tabelle. Das Löschen einer Zeile kann mit einer einzigen Operation erledigt werden, das Löschen einer Spalte jedoch bedeutet, in jeder Zeile separat eine Zelle zu entfernen.

Die gängigen Textverarbeitungssysteme wie Word, WordPerfect, WordStar oder MacWrite bilden zum Tabellensatz die Tabulatoren der Schreibmaschine nach. Auf der Schreibmaschine kann man an beliebigen Positionen auf der horizontalen Achse **Tabulatoren** setzen. Durch das Drücken einer speziellen Tabulatortaste irgendwo auf der Seite wird dann die aktuelle Schreibposition in Schreibrichtung zu der nächstliegenden vordefinierten Tabulatorposition, auch Tabstop genannt, vorgerückt. Auf diese Weise kann man bequem Tabellen mit linksbündigen Einträgen erstellen.

Auch mit einem Textverarbeitungssystem lassen sich normalerweise Tabulatorpositionen, auf der horizontalen Achse in absoluten Maßen gemessen, definieren. In Erweiterung des Schreibmaschinenmodells sehen einige Systeme sogar verschiedenartige Tabstops vor für linksbündige, rechtsbündige, zentrierte und numerische Ausrichtung am Dezimalkomma. Zusätzlich kann man in manchen Systemen, beispielsweise in Word, auch noch beliebige Positionen für durchgezogene vertikale Linien definieren.

Das Tabulatorenmodell ist jedoch mit einigen Problemen behaftet. Durch die verschiedenen Arten von Tabulatoren können zwar einzelne Spalten in unterschiedlicher Weise horizontal ausgerichtet werden. Das duale Problem der vertikalen Ausrichtung von Zeilen bleibt jedoch ungelöst.

Ein weiteres Problem taucht bei Schreibmaschinen, bei denen alle Buchstaben dieselbe Breite haben, nicht auf, wohl aber bei Textverarbeitungssystemen, die in der Regel Proportionalschriften einsetzen. Da die Positionen für die Tabulatoren nach absoluten Maßen gesetzt werden, kann der Wechsel zu einer kleineren oder größeren Schrift oder auch eine inhaltliche Änderung die Zuordnung eines Textes zu einer bestimmten Spalte beeinflussen und so die ganze Tabelle durcheinanderbringen. Nehmen wir an, wir haben für die zweite und die dritte Spalte einer Tabelle Tabulatoren 1 cm bzw. 2 cm vom linken Rand entfernt gesetzt. Anschließend geben wir für die erste Zeile unserer Tabelle, jeweils durch ein Tabulatorzeichen getrennt, dreimal die Zahl 1000 ein. Bei einer Schriftgröße von 10 p ist die Breite der Zahl 1000 kleiner als 1 cm, so daß die erste Zahl links mit dem linken Textrand abschließt und die zweite und dritte Zahl um 1 cm bzw. 2 cm rechts vom Rand beginnen. Ändert man jetzt nachträglich die erste Zahl in 100000, so ist sie auf einmal breiter als 1 cm, d.h. das erste Tabulatorzeichen positioniert nun die zweite Zahl in die eigentlich dritte Spalte, 2 cm vom linken Rand entfernt, und für das zweite Tabulatorzeichen ist gar keine Position mehr vordefiniert. Einen ähnlichen Effekt kann man erzielen, wenn man die Schriftgröße verändert. Besonders lästig ist dieses Phänomen bei Systemen, in denen die Dicktentabellen nicht richtig an die Druckerschriften angepaßt sind. In diesem Fall ist der Fehler druckerabhängig, und man sieht ihn nicht am Bildschirm, sondern erst auf dem Papierausdruck.

Eine weitere Schwäche des Tabulatormodells besteht in der Tatsache, daß innerhalb einer Zelle kein Zeilenumbruch vorgenommen werden kann. Soll eine Zelle aus mehreren Zeilen bestehen, weil man etwa Platz in der Breite sparen will, so muß man den Zellentext per Hand auf mehrere Zeilen verteilen. Bei nachträglichen Text- oder Schriftänderungen muß dieser Umbruch dann eventuell auf sehr mühselige Weise angepaßt werden.

Zusammenfassend kann man sagen, daß gängige Textverarbeitungssysteme zwar normalerweise Mittel bereitstellen, um einfache Tabellen zu setzen, daß man aber, wenn man Dokumente mit zahlreichen oder komplizierten Tabellen setzen möchte, sich besser nach einem spezielleren System umschauen sollte.

Quellen

[Bea85] enthält ausführliche Untersuchungen über typographische und algorithmische Probleme und Lösungen im Tabellensatz. Dagegen wird in [Phi80] der Tabellensatz aus der Sicht von professionellen Setzereien behandelt.

5.2 Tabellensatz mit TeX

TeX sieht für einfache Tabellen einen ähnlichen Mechanismus vor, wie er im vorigen Abschnitt beschrieben worden ist. Für anspruchsvollere Aufgaben gibt es jedoch mit dem Kommando \halign noch eine zusätzliche Methode, Tabellen zu setzen. Hierbei werden nicht nur die Breiten der einzelnen Spalten automatisch berechnet, sondern es kann für jede Spalte auch noch ein individuelles Format spezifiziert werden.

Ein \halign-Kommando erwartet als Argument eine Musterzeile, gefolgt von den einzelnen Zeilen der Tabelle. Jede Zeile enthält, durch & getrennt, die einzelnen Zelleneinträge. Das Ende einer Zeile wird durch das Kommando \cr bestimmt. Eine Musterzeile besteht aus Formatangaben für jede Spalte der Tabelle. Die Formatangaben können beliebige TeX-Befehle verwenden. Der in der Zeilendefinition eingegebene Text wird dabei durch das Zeichen # symbolisiert. Die Formatangaben werden ebenfalls durch & getrennt und mit \cr abgeschlossen.

Die Tabelle

Schriften	Kapitel 1
Zeilenumbruch	Kapitel 2
Formelsatz	Kapitel 4

kann beispielsweise mit den folgenden Kommandos erzeugt werden:

```
\halign{\quad #& \quad #\cr
   Schriften&              Kapitel 1\cr
   Zeilenumbruch&          Kapitel 2\cr
   Formelsatz&             Kapitel 4\cr}
```

Die Formatangabe **\quad #**, die in unserem Beispiel für beide Spalten identisch ist, bedeutet, daß jede Spalte mit einem durch **\quad** spezifizierten freien Platz beginnt und daß danach der in der Zeilendefinition angegebene Inhalt der Zelle folgt. Man könnte sich die wiederholte Eingabe des Wortes *Kapitel* sparen, indem man es in die Formatdefinition mit aufnimmt:

```
\halign{\quad #& \quad Kapitel #\cr
   Schriften&              1\cr
   Zeilenumbruch&          2\cr
   Formelsatz&             4\cr}
```

Die Eingabe von

```
\halign{\quad \hfill #& \quad Kapitel #\cr
   Schriften&              1\cr
   Zeilenumbruch&          2\cr
   Formelsatz&             4\cr}
```

sorgt dafür, daß die erste Spalte rechtsbündig statt linksbündig gesetzt wird. Man erhält also die folgende Form:

Schriften	Kapitel 1
Zeilenumbruch	Kapitel 2
Formelsatz	Kapitel 4

TₑX geht beim Auswerten eines **\halign**-Kommandos folgendermaßen vor.

- Für jede Zelle wird der in der Zeilendefinition angegebene Text in der Formatdefinition der zugehörigen Spalte an Stelle des Zeichens # eingesetzt.

- Die Zelle wird formatiert, und ihre Breite wird bestimmt.

- Für jede Spalte wird die maximale Breite ihrer Zellen bestimmt.

- Jede Zelle wird in eine Box der vorher errechneten Spaltenbreite gesetzt.

TeX berechnet also die Spaltenbreiten automatisch. Zusätzlich stellt TeX einfache Mechanismen bereit, um die Abstände zwischen den Spalten und zwischen den Zeilen zu beeinflussen, um Einträge sich über mehrere Spalten erstrecken zu lassen und um das vordefinierte Spaltenformat für einzelne Spalten außer Kraft zu setzen. Ein zu \halign duales Kommando \valign definiert eine Tabelle als eine Folge von Spalten, wobei jeder Zeile ein spezielles Format zugewiesen werden kann. Es ist auch möglich, TeX-Tabellen mit horizontalen und vertikalen Linien zu gliedern. Um die zugehörigen Kommandos zu verstehen, sind jedoch genauere TeX-Kenntnisse nötig als in diesem Buch bisher vermittelt worden sind.

Zusammenfassend läßt sich sagen, daß TeXs \halign-Mechanismus einige Probleme des Tabulatormodells ausschaltet. Jedoch ist auch für TeX eine Tabelle entweder eine zeilen- oder eine spaltenorientierte Struktur, so daß in bezug auf Eingabe und Formatierung nicht die volle Leistungsstärke erreicht wird, die einem Mechanismus zum Tabellensatz angemessen wäre.

Quellen

Zum Tabellensatz mit TEX steht außer den schon mehrfach zitierten TEX-Einführungen [Knu86] und [Sch88] keine weitere Literatur zur Verfügung.

Kapitel 6

Autorensicht

6.1   Autorengerechte Umgebungen

In den ersten Kapiteln dieses Buches haben wir uns hauptsächlich
auf den Prozeß des Formatierens, also des Setzens mit dem Computer, konzentriert. Der Schwerpunkt der Darstellung lag auf den Algorithmen und der Repräsentation der zum Setzen notwendigen Information im Computer. Wir haben gezeigt, mit welchen Mitteln es
möglich ist, den im traditionellen Buch- und Zeitschriftensatz üblichen Qualitätsstandard auch im Computersatz zu erreichen. Als
Maßstab galt dabei das Resultat auf dem Papier im Vergleich zu
den mit traditionellen Methoden erzielten Ergebnissen.

In den bisherigen Kapiteln ging es somit um die **statische
Funktionalität** von Textverarbeitungssystemen, also darum, welche Arten von Dokumenten gesetzt und welche Formate realisiert
werden können. Typische Aussagen zur statischen Funktionalität
sind, daß TeX mathematischen Formelsatz erlaubt oder daß man
mit MacWrite eine 10 p-Schrift nicht mit 1 p Durchschuß setzen
kann. In diesem Kapitel wollen wir uns mit der **dynamischen
Funktionalität** von Systemen befassen, also mit der Frage, auf
welche Weise ein Dokument und das Format eines Dokuments er-

zeugt werden können. Typische Fragen zur dynamischen Funktionalität von Systemen sind beispielsweise, ob die Angaben in einem Literaturverzeichnis aus einer vorhandenen Datenbank übernommen werden können und wie leicht man in einem Buch alle Überschriften erster Ordnung von 14 p auf 12 p umformatieren kann.

Für professionelle Setzer, die computergestützte Dokumentenverarbeitung als ein neues Werkzeug für ihre traditionellen Aufgaben betrachten, ist die statische Funktionalität sicherlich von ausschlaggebender Bedeutung. Jedoch für Autoren und ihre Schreibkräfte, die zu den Hauptanwendern von Textverarbeitungssystemen gehören, ist eine komfortable Arbeitsumgebung genauso wichtig und je nach Anwendung sogar wichtiger als eine mit allen Raffinessen ausgestattete Setzerei auf dem Schreibtisch. Der Komfort der Arbeitsumgebung wird dabei nach Kriterien der dynamischen Funktionalität beurteilt.

Wir wollen in diesem Kapitel untersuchen, welche Anforderungen aus Autorensicht an computergestützte Dokumentenverarbeitung gestellt werden und wie diese Anforderungen eingelöst werden können. Wir gehen dabei von den Schreibarbeiten aus, wie sie typischerweise in den Sekretariaten einer Universität anfallen. Dazu gehören beispielsweise Skripten, interne Berichte, Übungsblätter, Studienordnungen, Gutachten, Briefe, Einladungen zu Sitzungen, Vorträge, Seminarscheine, Buchbesprechungen, Dokumentationen, Artikel für Tagungsbände oder Zeitschriften und schließlich ganze Bücher.

Ein großer Teil der Dokumente ist der täglichen Routinearbeit zuzurechnen und lediglich für den internen Gebrauch bestimmt. Hauptsächlich aus drei Gründen werden für diese Dokumente Textverarbeitungssysteme anstelle der traditionellen Schreibmaschinen eingesetzt:

- Korrekturen und nachträgliche Änderungen sind relativ einfach durchzuführen.

- Der Zugang zu Sonderzeichen und fremden Schriften ist einfacher als bei der Schreibmaschine mit ihren Kugelköpfen oder Typenrädern.

- Extern vorliegende Daten wie Adressen oder Namen und Matrikelnummern von Studenten können ohne Neuerfassung integriert werden.

Im Vordergrund steht die einfache und bequeme Erstellung und Änderung dieser Dokumente. Ihre typographische Qualität ist diesem Gesichtspunkt untergeordnet.

Typisch ist es jedoch, daß diese Dokumente wenigen Klassen angehören, die jeweils in standardisierten Formaten gesetzt werden. So haben beispielsweise alle internen Berichte, Briefe, Übungsblätter oder Seminarscheine eines Instituts jeweils die gleiche Struktur und die gleiche äußere Form. Man könnte also viel lästige Routinearbeit sparen, wenn das verwendete Textverarbeitungssystem **Standardisierungen im Layout** unterstützen würde. Weiter ist durch standardisierte Layouts auch eine größere Konsistenz im äußeren Erscheinungsbild der Dokumente zu erwarten.

Mit standardisierten Formaten läßt sich auch das Problem angehen, daß die weitaus meisten Anwender von Textverarbeitungssoftware typographische Laien sind. Nach oft jahrzehntelanger Prägung durch das Druckbild der Schreibmaschine beschränken sie sich entweder auch bei mächtigeren Systemen auf die gewohnten kärglichen Gestaltungsmöglichkeiten (Kennzeichen: Sperrungen für Hervorhebungen, Unterstreichungen für Überschriften), oder sie schöpfen die Gestaltungsmöglichkeiten bis zum Rand aus (Kennzeichen: Vertreter von mindestens vier Schriftfamilien in den verschiedensten Graden auf jeder Seite). Häufig macht sich auch Ungeduld gegenüber sogenannten typographischen Kinkerlitzchen breit, oder man trifft auf Spezialisten, denen mehr an den technischen Möglichkeiten eines Systems als an einer gelungenen Kommunikation durch ein zweckmäßig gestaltetes Dokument gelegen ist. In diesen Fällen helfen neben Aufklärung und Weiterbildung (und zwar nicht im technischen, sondern im typographischen Sinne) nur präzise typographische Vorgaben und Systeme, die auf Grund dieser Vorgaben ohne viele Eingriffe automatisch akzeptable Ergebnisse liefern. Die typographischen Vorgaben sollten dabei möglichst durch Fachleute erfolgen.

Eine spezielle Situation entsteht bei Dokumenten, die zur Publikation bestimmt sind. Hier spielt das Publikationsverfahren eine wichtige Rolle.

Im traditionellen Verfahren dient das vom Autor produzierte Dokument lediglich als Vorlage für den Setzer, der es neu erfaßt und nach vom Verlag vorgegebenen Richtlinien formatiert. Bei dieser Vorgehensweise ist die typographische Qualität der Vorlage ebenfalls nebensächlich. Die Verwendung eines Textsystems dient lediglich der Bequemlichkeit des Autors. Die Verlage und Setzereien akzeptieren genausogut mit der Schreibmaschine getippte Vorlagen. Das traditionelle Verfahren wird beim Satz wissenschaftlicher Zeitschriften heute noch überwiegend angewendet.

Anders sieht es bei der Produktion von Tagungsbänden aus. Tagungsbände enthalten für laufende Forschungen wichtiges Material, und ihr zügiges Erscheinen ist deshalb unerläßlich. Ihr Leserkreis ist in der Regel hochspezialisiert und entsprechend klein, so daß sich nur kleine und dementsprechend teure Auflagen verkaufen lassen. Aus finanziellen und zeitlichen Gründen werden deshalb Tagungsbände von sogenannten *camera ready copies* hergestellt, das heißt, die von den Autoren gelieferten Vorlagen werden nicht mehr neu gesetzt, sondern so wie sie sind vervielfältigt und gebunden. Diese Vorgehensweise war für viele Autoren der Anlaß, sich auf Computersatz umzustellen, da die Lesbarkeit von mit der Schreibmaschine geschriebenen wissenschaftlichen Arbeiten mit mathematischen Formeln, Einschüben in fremden Schriften oder komplexen textkritischen Apparaten sehr zu wünschen übrig ließ. Typischerweise wird den Autoren in diesem Zusammenhang das Format, in dem ein Artikel abzuliefern ist, nachträglich, nachdem schon frühere Versionen des Artikels erstellt wurden, vom Verlag vorgegeben. Es ist also für ein Textverarbeitungssystem in diesem Bereich von Interesse, wie leicht sich das Format eines Dokuments ändern läßt.

Nach dem gleichen Verfahren der vom Autor gelieferten camera ready copies werden inzwischen auch viele Bücher aus dem wissenschaftlichen Bereich gesetzt, beispielsweise auch dieses Buch. Hier wird die typographische Qualität für die Akzeptanz bei den Lesern wieder wichtiger.

Mittelfristig wird sich jedoch sowohl bei Tagungsbänden als auch bei Büchern ein drittes Modell durchsetzen, bei dem ein vom Autor elektronisch produziertes Dokument direkt in den Satzrechner einer Setzerei übernommen wird und dort neu gesetzt, aber nicht neu erfaßt wird. Dieses Modell ist bei einigen ausgesuchten Tagungsbänden und Zeitschriften heute schon realisiert. Es hat den Vorteil, daß Mehrkosten und Fehlerquellen durch doppeltes Erfassen des Textes ausgeschaltet werden können, ohne daß auf das typographische Fachwissen und die professionelle Ausrüstung der Setzereien, beispielsweise mit hochauflösenden Lichtsetzanlagen, verzichtet werden muß. Dieses Verfahren führt außerdem zu einem einheitlichen Erscheinungsbild etwa aller Artikel in einem Tagungsband. Die vom Autor selbst produzierten Papierversionen dienen in diesem Modell lediglich seinem eigenen Gebrauch. Das Verfahren der elektronischen Übermittlung von Dokumenten vom

Autor an den Setzer erfordert auf beiden Seiten eine große Flexibilität der verwendeten Systeme. Auf Standardisierungsvorschläge in diesem Bereich werden wir noch zurückkommen.

Langfristig wird außerdem die rein elektronische Publikation ihren Markt finden. Hier werden die Dokumente auch dem Leser in elektronischer Form angeboten werden und gar nicht mehr oder nur bei Bedarf auf Papier gedruckt. Dieses Verfahren bietet dem Autor neue Möglichkeiten der Literaturrecherche (Volltextdatenbanken) und des assoziativen Navigierens durch die zur Verfügung stehenden Dokumente (**Hypertextsysteme**), verlangt aber für diese Funktionen auch besondere Systemunterstützung und neue Richtlinien für das Formatieren von am Bildschirm lesbaren Dokumenten. Systeme dieser Art befinden sich in der Entwicklung und stehen teilweise als experimentelle Prototypen oder zu hohen Preisen kommerziell zur Verfügung. Sie spielen deshalb im Alltag der Universitäten noch keine große Rolle.

Weitere Gesichtspunkte, die bei dem Transfer von Dokumenten auf elektronischem Wege auch heute schon aktuell sind, ergeben sich aus den Ansprüchen von Autoren, die an verschiedenen Orten an einem gemeinsamen Dokument arbeiten. Der Austausch solcher Dokumente erfolgt in der Regel mit elektronischer Post über internationale Netze. In diesem Fall muß die Konvertierung eines Dokuments in ein netzwerkfähiges Übertragungsformat und zurück ohne Informationsverlust möglich sein. Damit verbunden ist das Problem inhomogener Rechner- und Druckerumgebungen. Es kann durchaus erforderlich sein, daß ein- und dasselbe Dokument mit unterschiedlichen Programmen auf unterschiedlichen Rechnern bearbeitet und auf unterschiedlichen Druckern gedruckt wird.

Computergestützte Dokumentenverarbeitung im eigenen Hause bietet die Möglichkeit, die Dokumente immer auf dem neuesten Stand zu halten oder in verschiedenen Zusammenhängen mehrfach zu verwenden. So haben viele Dokumente eine lange Geschichte hinter sich. Studienordnungen und Systemdokumentationen befinden sich in ständigem Wandel, Aufgabenblätter werden, um Musterlösungen ergänzt, zu Aufgabensammlungen zusammengestellt, Skripten werden zu Büchern ausgearbeitet, und aus internen Berichten werden Kurzfassungen für Tagungen extrahiert. Eine Systemunterstützung in der Versionenhaltung kann hier manches Chaos vermeiden helfen.

Der Komfort einer Arbeitsumgebung zur Dokumentenerstellung hängt also von Faktoren aus drei Bereichen ab. Der erste Bereich betrifft die eigentliche Eingabe des Dokuments und seines Formats. Der zweite Bereich bezieht sich auf die Interaktion mit dem System, also die Art und Weise bzw. die Sprache, in der Autor und System sich miteinander verständigen. Der dritte Bereich betrifft alle Tätigkeiten außerhalb der Dokumentenverarbeitung im engeren Sinne mit den eng umrissenen Vorgängen des Editierens, Formatierens und Druckens. Dieser Bereich wird manchmal auch als die Werkbank des Autors (*writer's workbench*) bezeichnet. Er umfaßt u.a. Werkzeuge zur Verwaltung von Dokumenten, etwa zur Archivierung, Konvertierung oder Versionenhaltung, Schnittstellen zu Datenbanksystemen oder Graphikprogrammen, Programme zur Überprüfung der Rechtschreibung und Mechanismen zur Erzeugung von Indexen oder Inhaltsverzeichnissen.

Viele Vertreter aus dem traditionellen Druckergewerbe stehen der Idee, daß Autoren mit eigenen Mitteln druckfertig gesetzte Dokumente produzieren können, sehr skeptisch gegenüber. Neben mangelnden typographischen Fähigkeiten auf Systemseite werden gerne auch die fehlenden gestalterischen Fähigkeiten der Anwender ins Feld geführt. Die teilweise enthusiastische Aufnahme eines Systems durch die Autoren und die strikte Ablehnung desselben Systems durch Verlage und Setzereien lassen sich vielleicht dadurch

erklären, daß jede Seite die ihr traditionellerweise zur Verfügung
stehenden Werkzeuge zum Vergleich heranzieht, und da steht dann
die Schreibmaschine der professionellen Fotosetzanlage gegenüber.

Die bisherigen Kapitel haben gezeigt, daß auch Textverarbeitungssysteme auf Personal Computern mit den in den Setzereien
vorhandenen Techniken und Gestaltungsmöglichkeiten ausgestattet werden können, und das Kapitel über Formelsatz hat deutlich
gemacht, daß auch komplexes typographisches Fachwissen zumindest zum Teil auf sehr elegante Weise in Textverarbeitungssysteme
integriert werden kann.

Die Begeisterung der Autoren für Computersatz beruht jedoch
nur teilweise auf der typographischen Qualität ihrer Produkte. Der
letztlich ausschlaggebende Vorteil für die Autoren liegt in dem kom-
fortablen Umgang mit ihren eigenen, möglicherweise nur für den
internen Gebrauch bestimmten Dokumenten. In den nächsten Ab-
schnitten wollen wir uns mit der Frage beschäftigen, welche Eigenschaften eines Textverarbeitungssystems die Arbeitsumgebung
eines Autors komfortabel gestalten. Der Schwerpunkt liegt dabei
auf den beiden Bereichen, die zur Dokumentenverarbeitung im engeren Sinne gehören, nämlich der Eingabe der Dokumente und ihrer
Formate und der Interaktion zwischen Autor und System.

Quellen

Eine empirische Untersuchung über den Einsatz von Textverarbeitungssystemen und ihre Rolle im Publikationsprozeß findet sich
in [RBG*88]. Die dort beschriebenen Tatbestände decken sich nahezu vollständig mit meinen eigenen Erfahrungen aus dem Universitätsbereich. Eine exzellente Übersicht über Hypertextsysteme
und ihre faszinierenden Möglichkeiten des Navigierens durch elektronische Bibliotheken ist in [Con87] enthalten. In [ACM88] sind

mehrere aktuelle Artikel über heute schon verfügbare Hypertextsysteme und ihre Anwendungsmöglichkeiten zusammengefaßt.

6.2 Spezifikation von Dokumenten

6.2.1 Text und Struktur

Textverarbeitungsprogramme haben einen großen Teil von Vorgängen automatisiert, die im Schreibmaschinensatz ebenso wie in traditionellen Setzereien in mühsamer Handarbeit durchgeführt werden müssen. Dazu gehören Zeilenumbruch und Silbentrennung, Plazierung von Fußnoten und laufenden Kopf- und Fußzeilen oder die Generierung von Inhaltsverzeichnissen und Indexen.

Trotzdem ist es auch im Computersatz mit der Eingabe des reinen Textes nicht getan. Ein gedrucktes Dokument ist nämlich mehr als eine Aneinanderreihung von Buchstaben zu Wörtern und von Wörtern zu Sätzen. Ein Dokument drückt darüber hinaus durch die Anordnung verschiedener Textelemente auf der Seite, durch Schriftwahl oder Einrückungen, also generell durch graphische Attribute, das Verhältnis der einzelnen Textelemente zueinander aus und spiegelt somit die *Struktur* des Textes wieder. So wird beispielsweise eine Überschrift fett gedruckt und vom laufenden Text abgesetzt, wobei Überschriften unterschiedlichen Grades in unterschiedlicher Schriftgröße gesetzt werden. Ein längeres Zitat wird vielleicht in einer kleineren Schrift mit eingezogenen Rändern gesetzt, und die Hervorhebung eines betonten Worts oder eines Fachbegriffs erfolgt in einer kursiven oder fetten Schrift.

Die abstrakte **inhaltliche oder logische Struktur** eines Dokuments wird also mit Hilfe seiner sichtbaren **graphischen Struktur** deutlich gemacht. Die Übersetzung der logischen Struktur in graphische Attribute erfolgt dabei nach funktionalen Gesichtspunkten unter Berücksichtigung von Traditionen.

Leider kann ein Textverarbeitungsprogramm die inhaltlichen Strukturen nicht automatisch aus dem reinen Text extrahieren. Deshalb muß der Benutzer bei der Eingabe des Dokuments über den reinen Text hinaus in geeigneter Weise Angaben über die inhaltliche Struktur machen.

6.2.2 Texteingabe

Wenden wir uns zunächst der Eingabe des reinen Textes zu. Das wichtigste Eingabemedium ist hier die Tastatur. In Abschnitt 4.2 wurden bereits die beiden Möglichkeiten beschrieben, wie die Zeichen eines Schriftsatzes durch direkten Anschlag auf der Tastatur oder indirekt durch vordefinierte Namen erzeugt werden können. Alternativen wie Spracheingabe oder handschriftliche Eingaben mit Hilfe eines Lichtgriffels sind zur Zeit eher noch im experimentellen Stadium. Weiter fortgeschritten ist das Einlesen von Texten mit Scannern. Das setzt jedoch voraus, daß die betreffenden Texte schon einmal, und zwar in der Regel mit der Schreibmaschine, erfaßt worden sind.

6.2.3 Traditionelles Auszeichnen

Bei der Spezifikation der Struktur eines Dokuments ist die Zahl der Alternativen größer. Im traditionellen Publikationsprozeß erstellt der Autor ein Schreibmaschinenmanuskript, in dem die logische Struktur durch Abstände, Einrückungen und Unterstreichungen symbolisiert wird. Diese graphischen Attribute sind jedoch nicht unbedingt differenziert genug. Deshalb wird das Manuskript im Verlag von einem speziellen Lektor, im Englischen auch Copy

Editor genannt, mit zusätzlichen Markierungen für den Setzer versehen, die die genauen Satzattribute für die einzelnen Textelemente enthalten. Dieser Prozeß heißt **Auszeichnen** oder englisch **Markup**. Danach enthält das Manuskript u.a. verschiedenfarbige Unterstreichungen von Textpassagen, die in besonderen Schriftvarianten zu setzen sind, und genaue numerische Angaben über Schriftgrade, Einzüge und alle übrigen graphischen Attribute für den Satz. Die Auszeichnungen erfolgen dabei nach Vorgaben des Designers, der das Layout des Buches entworfen hat.

Die Auszeichnung eines Manuskripts bezieht sich also nicht direkt auf die logische Struktur des Manuskripts, sondern auf die Realisierung der logischen Struktur durch graphische Attribute. Während des Auszeichnungsprozesses rekonstruiert jedoch der Lektor die vom Autor intendierte logische Struktur aus dem Inhalt und aus dem graphischen Erscheinungsbild des Manuskripts, um den einzelnen Textelementen die passenden graphischen Attribute zuzuweisen.

Nebenbei sei angemerkt, daß eine weitere Aufgabe des Lektors darin besteht, das Manuskript auf inhaltliche und stilistische Stimmigkeit zu überprüfen und eventuell speziellen Richtlinien des Verlages anzupassen. Diese Aufgabe fällt bei anderen Publikationsverfahren oft einfach weg oder wird zusammen mit Texterfassung und Formatierung ebenfalls der Verantwortung des Autors übertragen.

Bei der Auszeichnung eines Manuskripts für den Satz fallen zwei Merkmale besonders auf. Zunächst einmal sind alle drei Beteiligten, der Designer, der das Layout entwirft, der Lektor, der die Layoutspezifikationen des Designers auf ein spezielles Manuskript anwendet, und der Setzer, der die Anweisungen des Lektors in Satzbefehle umsetzt, jeweils Profis in ihrem Bereich und für ihre Aufgabe speziell ausgebildet. Zum anderen ist die Auszeichnung eines Dokuments in diesem Prozeß ein einmaliger Vorgang. Der Satz desselben oder eines leicht geänderten Dokuments in einem anderen Format ist in der Regel nicht vorgesehen.

6.2.4 Graphisch orientiertes Auszeichnen

Eine große Klasse von Textverarbeitungssystemen, darunter auch Word, WordPerfect, WordStar, MacWrite und TeX, hat das Paradigma des **graphisch orientierten Auszeichnens** vom Verlagswesen übernommen und auf den Computersatz übertragen. Computerprogramme können jedoch nur einen Teil der setzerischen Aufgaben übernehmen. Dem Autor obliegt dabei zusätzlich zur Texterfassung auch noch die Auszeichnungsarbeit des Lektors. Er gibt ein, welche Textstücke kursiv oder fett, groß oder klein gesetzt werden müssen, spezifiziert Absatzeinzüge und Randbreiten usw. Zusätzlich fallen ihm noch Aufgaben des Setzers wie Kennzeichnung von geschützten Leerzeichen zu, und nicht selten ist der Autor auch noch sein eigener Designer.

Bei Textverarbeitungssystemen mit graphisch orientierten Auszeichnungsmethoden gehen die Bestrebungen der Systementwickler dahin, den Autoren die *Anwendung* dieser Kommandos so einfach wie möglich zu machen. Daß die Kommandos wie bei TeX mit dem Text zusammen explizit eingetippt werden, ist nur eine von mehreren Möglichkeiten, die in Abschnitt 6.5 weiter untersucht werden.

Die Verlagerung von ursprünglich in Verlagen und Setzereien angesiedelten Zuständigkeiten auf einen typographischen und setzerischen Laien, der der Autor ja in der Regel ist, bringt einige Probleme mit sich. Die ersten beiden Problembereiche betreffen Qualität und Konsistenz des Layouts. Wenn sich auch in Autorenkreisen immer mehr die Erkenntnis durchsetzt, daß gutes Design weniger dem Schmuck und der gefälligen ästhetischen Gestaltung gilt als vielmehr der Unterstützung der Gebrauchsfähigkeit eines

Dokuments, so läßt sich diese Erkenntnis doch mit gutem Willen allein und ohne spezielle Schulung und Begabung nur schwer in die Tat umsetzen. Und auch das beste Design kann seine volle Wirkung nur dann entfalten, wenn es konsequent im gesamten Dokument umgesetzt wird.

Während Probleme dieser Art durch gezielte Schulung der Autoren und gute Zusammenarbeit mit den Verlagen gelöst werden können, beruht der dritte Problembereich auf einem Schwachpunkt der graphisch orientierten Auszeichnungsmethode, der im traditionellen Verlagsgewerbe nicht zum Tragen gekommen ist, der jedoch durch das erweiterte Anwendungsspektrum des Computersatzes in der Hand der Autoren unangenehme Konsequenzen hat. Ein Layout, das durch graphisch orientierte Auszeichnung zustandegekommen ist, läßt sich nämlich nicht so leicht an neue Spezifikationen anpassen wie es für eine komfortable Arbeitsumgebung für Autoren nötig wäre. Nehmen wir an, ein Dokument soll von Format A nach Format B umformatiert werden, und in Format A sind alle neu eingeführten Fachbegriffe kursiv gedruckt, in Format B jedoch sollen sie fett erscheinen. Dazu müssen zunächst einmal alle Stellen, an denen der Satzbefehl *Setze kursiv* vorkommt, gefunden werden. Längst nicht alle Textverarbeitungssysteme unterstützen jedoch das Suchen nach Formatierkommandos. Aber selbst bei Systemen, die diese Funktion vorsehen, kann man nicht einfach mit einem globalen Befehl alle Kommandos *Setze kursiv* in *Setze fett* umwandeln, denn in Format A sind möglicherweise auch alle Hervorhebungen kursiv gesetzt und sollen auch in Format B kursiv bleiben. Vielmehr muß für jedes Kommando *Setze kursiv* einzeln entschieden werden, ob es der Kennzeichnung eines Begriffes oder einer Hervorhebung dient und ob es demnach geändert werden muß oder beibehalten werden soll. In Umgebungen, in denen solche Formatänderungen häufig vorkommen und in denen die

Dokumente lang sind, ist ein solches Vorgehen unzumutbar, zumal
wenn Schreibarbeiten als lästige Routinearbeit angesehen werden,
die nur von den eigentlichen Aufgaben abhält.

Der Grund für diese Schwierigkeiten bei Layoutänderungen liegt
darin, daß beim graphisch orientierten Markup Information über
die logische Struktur verlorengeht. Werden Textteile mit unterschiedlicher logischer Funktion, wie Begriffe und Hervorhebungen,
in dem Format, für das die Auszeichnung zuerst vorgenommen wird,
zufällig mit den gleichen graphischen Attributen bedacht, so sind
sie für spätere automatische Umformatierungen nicht mehr unter-
scheidbar und müssen deshalb als Sonderfälle von Hand versorgt
werden.

6.2.5   Logisch orientiertes Auszeichnen

Die Lösung dieses Problems besteht darin, bei der Eingabe eines
Dokuments nicht die graphische Struktur, sondern direkt die logische Struktur zu spezifizieren. Diese **logisch orientierte Auszeichnungsmethode** wurde erstmals in dem System Scribe konsequent verwirklicht. Weitere Beispiele sind LaTeX und verschiedene
auf SGML basierende Systeme. Ansätze finden sich inzwischen
auch bei traditionell graphisch orientierten Systemen wie Word,
WordPerfect (ab Version 5.0) und Interleaf. Auf die hier verwendete Methode der Style Sheets kommen wir in Abschnitt 6.3 noch
einmal zurück.

Bei einer logisch orientierten—im Gegensatz zu einer graphisch
orientierten—Auszeichnung geht es darum, *was* für ein Textele-
ment man vor sich hat, etwa eine Überschrift oder eine Aufzählung
oder eine Hervorhebung, und nicht darum, *wie* es formatiert werden
soll. Die gleiche Unterscheidung wurde in Abschnitt 4.1 im Zusammenhang mit der Frage, wie eine sinnvolle und bequeme Eingabe

einer mathematischen Formel aussehen sollte, schon einmal getroffen. Bei den komplexen Strukturen mathematischer Formeln macht die Entscheidung für eine strukturorientierte und gegen eine graphisch orientierte Eingabe den Unterschied zwischen einem selbst für mathematische Laien handhabbaren und einem für Nicht-Setzer unzumutbaren System aus.

Auch in dem größeren Zusammenhang der Behandlung ganzer Dokumente ist der strukturorientierte Ansatz im Grunde die autorenfreundlichere Lösung. Sie belastet den Autor nicht mit setzerischem Fachwissen und Einzelheiten des Layouts, sondern basiert auf der Terminologie der inhaltlichen Strukturen, die dem Autor durch die sachliche Arbeit an seinem Dokument sowieso geläufig sind. Sie beläßt den Autor also in seiner eigentlichen Aufgabe als Verfasser von Dokumenten und macht ihn nicht gleichzeitig noch zum Setzer.

Wir wollen das Prinzip des logischen Auszeichnens und die weiteren damit verbundenen Möglichkeiten für eine bequeme Arbeitsumgebung für Autoren am Beispiel von SGML, der Standard Generalized Markup Language, näher erläutern. SGML ist eine von der ISO normierte Sprache zur logischen Auszeichnung von Dokumenten, die inzwischen auch im Verlagswesen als Basis zum Dokumentenaustausch und als gemeinsame Plattform für Verlage und Autoren eine gewisse Bedeutung erlangt hat.

SGML ebenso wie die anderen logisch orientierten Systeme umrahmen jedes logische Element im Text mit einer Kennung, die die Funktion dieses Elements beschreibt und Anfang und Ende des Elements kennzeichnet. Diese Kennungen können hierarchisch ineinandergeschachtelt sein. Die Eingabe eines Zitats mit Quelle sieht in SGML etwa folgendermaßen aus:

```
<Zitat> It's not just what you say.
```

```
It's the face you say it with.
<Quelle> Bitstream </Quelle> </Zitat>
```

Die Kennung eines Elements besteht also aus dem Typnamen, der in spitze Klammern eingeschlossen ist. Bei der Endemarkierung ist dem Typnamen zusätzlich noch ein Schrägstrich vorangestellt.

SGML-Elemente können mit Attributen versehen werden. Man könnte beispielsweise ein Zitat mit einem Statusattribut versehen, das die beiden Werte „OK" und „?" annehmen kann, je nachdem ob das Zitat schon verifiziert ist oder noch einer Überprüfung bedarf. Durch Eingabe von

```
<Zitat Status="?"> It's not just ... </Zitat>
```

könnte der Autor festhalten, daß der genaue Wortlaut des Zitats noch nachgeschlagen werden muß, und ein System, das SGML versteht, könnte ihn bei Bedarf daran erinnern.

Spezielle SGML-Attribute sind ID und REFID. Mit Hilfe des Attributs ID kann man einem individuellen Vorkommen eines Elements einen Namen geben, den man dann mit Hilfe von REFID für Querverweise verwenden kann.

```
<Zitat ID="typeface"> It's not just ... </Zitat>
... see <RefZitat REFID="typeface"></RefZitat>.
```

Ein System, das SGML versteht, würde vielleicht die Zitate automatisch numerieren und die Zitatreferenz durch die richtige Zitatnummer ersetzen. Durch den symbolischen Namen hat diese Referenz immer den richtigen Wert, unabhängig von der momentanen Position des Zitats innerhalb einer ganzen Reihe von Zitaten.

Dokumente, die demselben Typ angehören, wie Bücher, Briefe oder Aufgabenblätter, haben eine gemeinsame logische Struktur. Ein Aufgabenblatt besteht beispielsweise aus einem Kopf, der Angaben über die laufende Nummer, die Vorlesung, den Dozenten, das

Semester und den Abgabetermin enthält. Anschließend folgt eine Reihe von Aufgaben, die in Teilaufgaben unterteilt sein können und möglicherweise einen Lösungshinweis enthalten. Aufgaben, Teilaufgaben und Lösungshinweise bestehen ihrerseits aus reinem Text und möglicherweise Skizzen zur Illustration. Diese Struktur ist allen Aufgabenblättern gemeinsam. Zwei individuelle Aufgabenblätter unterscheiden sich durch die Zahl der Aufgaben und Teilaufgaben, darin, welche Aufgaben Lösungshinweise enthalten und welche nicht, und schließlich durch die Aufgabentexte. Die Struktur, die allen Dokumenten einer Klasse gemeinsam ist, heißt auch **generische Struktur**, und die spezielle Ausprägung in einem individuellen Dokument heißt **spezifische Struktur**.

Die bisher vorgeführten Sprachmittel von SGML dienten der Spezifikation der spezifischen Struktur von Dokumenten. SGML bietet jedoch auch die Möglichkeit, die generische Struktur oder den Typ eines Dokuments zu definieren. In einer solchen Definition wird festgelegt, welche logischen Elemente in welcher Häufigkeit, Reihenfolge und Schachtelung in einem Dokument des entsprechenden Typs vorkommen dürfen und welche Bestandteile obligatorisch oder optional sind. Die obige Beschreibung des Typs *Aufgabenblatt* ist eine verbale Paraphrase einer solchen SGML-Definition.

Ein Textsystem kann eine derartige Dokumententypbeschreibung dazu benutzen, dem Autor die Eingabe eines Dokuments weiter zu erleichtern. Soll zum Beispiel ein Aufgabenblatt neu erstellt werden, so kann das System dem Autor ein Formular für den Kopfteil anbieten, in dem nur noch die Daten eingetragen werden müssen. Es kann verhindern, daß innerhalb einer Aufgabe eine neue Aufgabe angefangen wird, und es kann sicherstellen, daß jede Aufgabe auch einen Aufgabentext und nicht etwa nur einen Lösungshinweis enthält. Die notwendigen Kenntnisse, daß zum Beispiel bei einem Aufgabenblatt Aufgaben nicht geschachtelt werden dürfen,

entnimmt das System dabei der Definition des Dokumententyps.
Ein solches System heißt deshalb auch **typgesteuert** oder **syntaxgesteuert**.

SGML selbst ist nur eine Sprache zur Beschreibung eines Dokuments und seiner logischen Struktur. In einer Arbeitsumgebung für Autoren findet SGML seinen sinnvollen Einsatz nur als Grundlage eines Textverarbeitungssystems, das SGML-Strukturen und Strukturdefinitionen versteht und ihnen Layoutfunktionen zuordnen kann. Systeme dieser Art, die auf SGML und verwandten Sprachen aufbauen, wurden ursprünglich im Universitätsbereich entwickelt. Die am weitesten fortgeschrittenen Projekte sind Daphne und Grif. Seit einiger Zeit werden auch im kommerziellen Bereich SGML-basierte Systeme wie Author/Editor von SoftQuad, Publisher von Arbortext oder Mark-it/Ed-it von Sobemap angeboten.

SGML erlaubt die Beschreibung sehr komplex strukturierter Dokumente, solange die Strukturierung hierarchisch organisiert ist. Damit läßt sich ein großer Teil der insbesondere im Universitätsbereich anfallenden Dokumente abdecken. Andere Systeme wie Word, WordPerfect (ab Version 5.0) und Interleaf basieren zwar größtenteils auf graphisch orientierter Auszeichnung, erlauben aber eine logisch orientierte Auszeichnung für absatzähnliche Objekte wie Überschriften, Absätze selbst und Aufzählungen. Da Absätze naturgemäß nicht ineinander verschachtelt werden können, sehen diese Systeme nur eine lineare Abfolge logischer Elemente vor. Die Abfolge ist dabei frei und durch keine Typdefinition eingeschränkt. Der Autor selber ist für eine sinnvolle Anwendung der Textelemente zuständig.

Eine Zwischenstellung nehmen Systeme wie Scribe oder LaTeX ein, die zwar eine beliebige Schachtelung syntaktischer Elemente zulassen, aber eine formale Beschreibung von Dokumententypen nicht vorsehen.

In diesem Abschnitt haben wir uns mit der Spezifikation von Dokumentenstrukturen durch Markup vertraut gemacht. Je nach Auszeichnungsmethode haben wir die Textverarbeitungssysteme in zwei Klassen aufgeteilt. Die Systeme der ersten Klasse nehmen graphisch orientierte, die der zweiten Klasse nehmen logisch orientierte Auszeichnungen vor. Logisch orientierte Systeme kann man je nach ihren Strukturierungsmöglichkeiten noch einmal in drei Teilklassen unterteilen. In der ersten Klasse können logische Elemente frei aneinandergereiht, aber nicht ineinandergeschachtelt werden. In der zweiten Klasse können die Strukturelemente mehr oder weniger frei kombiniert werden. Wie auch in der ersten Klasse bieten solche Systeme einen gewissen Vorrat von strukturierten Elementen an. Ihre sinnvolle Verwendung wird jedoch nur durch den Autor sichergestellt. In der dritten Klasse werden die zulässigen Kombinationen von Strukturelementen durch eine Syntaxdefinition festgelegt. In dieser Klasse ist eine zusätzliche Unterstützung der Autoren durch syntaxgesteuerte Editoren möglich.

Quellen

In [Sou89] findet sich ein interessanter Grundsatzartikel zu graphischen und logischen Strukturen in Dokumenten und ihren Beziehungen zueinander. Eines der ersten Systeme, die das Prinzip der logischen Auszeichnung konsequent einhielten, war Scribe. Eine Beschreibung ist in [Rei80] enthalten. [ISO86] ist die ISO-Norm zu SGML. Ein gut geschriebener Artikel über logisches Auszeichnen ist [Gol81]. [Kis88] schreibt über die Rolle des logischen Auszeichnens im Verlagswesen. In [QVB86], [CdVS86] und [BDH86] finden sich Berichte über syntaxgesteuerte Editoren aus dem Universitätsbereich.

In der Dokumentenverarbeitung führt der Weg normalerweise

von der logischen zur graphischen Struktur. In [RT88] wird eine Anwendung beschrieben, in der aus der schon vorliegenden graphisch orientierten Auszeichnung die logische Struktur automatisch rekonstruiert wird. In [IBC88] wird versucht, aus einem mit einem Scanner erfaßten Dokument an Hand einer Dokumententypbeschreibung die logische Struktur zu rekonstruieren.

Über die Zuverlässigkeit der Dokumentenerfassung durch Scanner und zugehörige Software im allgemeinen gibt [Dur88] eine aktuelle Übersicht.

6.3 Spezifikation von Layout

Im letzten Abschnitt haben wir die Spezifikation eines Dokuments von der inhaltlich-logischen Seite betrachtet. Bevor ein Dokument gedruckt werden kann, muß jedoch auch sein Layout bestimmt werden. Der Zeitpunkt, zu dem das geschieht, hängt von der Auszeichnungsmethode ab. Bei graphisch orientiertem Markup wird das Layout zum Zeitpunkt der Dokumentenerstellung spezifiziert. Bei logisch ausgezeichneten Dokumenten kann die Spezifikation des Layouts unabhängig von der Erfassung des Dokuments vorgenommen werden. Im Idealfall erfolgt sie sogar für eine ganze Dokumentenklasse auf einmal, so daß eine individuelle Spezifikation von mehreren Dokumenten geteilt werden kann.

Unabhängig von der Auszeichnungsmethode kann man zwei Methoden bei der Definition eines Layouts unterscheiden. Die erste Methode arbeitet mit **Parametern**, die zweite mit **Programmierung**.

Bei dem ersten Ansatz wird die Formatierung eines Dokuments und seiner Elemente vollständig durch Parameter gesteuert. Beispiele für solche Parameter sind Zeilenlänge, Seitenhöhe, Schrift und Schriftgrad oder Randbreite. Durch unterschiedliche Setzungen von Parameterwerten lassen sich verschiedene Layouts realisieren. Dieser Ansatz wird beispielsweise von Scribe, Word, WordPerfect oder MacWrite verfolgt.

In dem zweiten Ansatz wird der Formatierer als eine programmierbare Maschine angesehen. Die sprachlichen Hilfsmittel umfassen Variablen und Kontrollstrukturen. Sie können zum Beispiel dazu benutzt werden, um Zähler für die Numerierung von Überschriften hochzuzählen.

In TEX lassen sich einfache Effekte durch Parametersetzungen erzielen. Für kompliziertere Formatieraufgaben wie die Festlegung des Seitenschemas muß auf die Programmiermöglichkeiten von TEX zurückgegriffen werden. Quill ist ein weiteres System, das Parameter für einfache und Satzprogramme für komplexe Formatieraufgaben benutzt.

Die Definition von Formaten durch Parametrisierung hat den Vorteil, daß sie einfach zu lernen und durchzuführen ist, während die Programmierung von Formaten sehr fehleranfällig sein kann und Anwendern ohne Kenntnisse in der Informatik nur schwer zugänglich ist. Der Nachteil der parametergesteuerten Formatierer liegt darin, daß der zur Verfügung stehende Parametervorrat begrenzt und in der Regel nicht erweiterbar ist. Sieht also ein parametergesteuertes System beispielsweise keine Parameter für Absätze mit Initialen vor, so ist es nicht möglich, einen Absatz in diesem Format zu setzen. Hier sind programmierbare Formatierer flexibler.

Da programmierbare Formatierer auf der einen Seite sehr mächtig, auf der anderen Seite aber schwer zu bedienen sind, ist ihr bevorzugter Einsatzbereich die Definition von Formaten für Dokumentenklassen durch Spezialisten. Nach diesem Schema funktioniert auch die TEX-Erweiterung LaTEX, die im Abschnitt 6.4 noch vorgestellt wird.

Bei logisch auszeichnenden Systemen sind für die Bequemlichkeit der Anwender noch drei weitere Gesichtspunkte von Formatspezifikationen wesentlich. Der erste Gesichtspunkt ist die Frage, ob Formatdefinitionen separat von den eigentlichen Dokumenten bestehen oder ob sie an Dokumente gekoppelt sind. Bei Systemen, in denen Formatdefinitionen und Dokumente eine Einheit bilden, ist der Wechsel zwischen verschiedenen Formaten wahrscheinlich erschwert, und die Konsistenz von Formaten für ganze Dokumentenklassen läßt sich nicht mehr garantieren. Word und Interleaf haben dokumenteneigene Formatdefinitionen, Ventura Publisher kann dagegen auf dokumentenunabhängige Definitionen zurückgreifen.

Der zweite Gesichtspunkt betrifft die Art der strukturierten Objekte, auf die sich Layoutdefinitionen beziehen können. Dieser Gesichtspunkt ist gerade bei parametergesteuerten Systemen, die nicht erweiterbar sind, relevant. Im Extremfall sind Layoutdefinitionen nur für absatzähnliche Objekte zugelassen, wie z.B. bei Word und Interleaf.

Wünschenswert wäre schließlich noch die Möglichkeit der kontextabhängigen Formatdefinition. So sollte beispielsweise eine Hervorhebung normalerweise kursiv gesetzt werden, in einem selbst schon kursiv gesetzten Zitat jedoch in Normalschrift erscheinen. Aus logischer Sicht wäre beides eine Hervorhebung, die Formatierung würde jedoch von dem Kontext der Hervorhebung abhängen. Leider ist mir kein parametergesteuertes System bekannt, das diese Möglichkeit vorsieht. Hier zeigt sich die größere Mächtigkeit von programmierbaren Systemen.

Quellen

Die Systeme Scribe, Quill, Ventura Publisher und Interleaf sind in [Rei80], [CHP88], [Rot86] und [Mor86] beschrieben. Ein ausgezeichneter und umfassender Übersichtsartikel über die verschiedenen Methoden der Layoutspezifikation findet sich in [JB88].

6.4 Logisches Auszeichnen mit LATEX

Die Auszeichnungsmethode von TEX ist graphisch orientiert. TEX enthält jedoch eine rudimentäre Programmiersprache, mit der es möglich ist, einfache graphisch orientierte Kommandos zu mächtigeren Befehlen, sogenannten Makros, zusammenzusetzen. Betrachten wir noch einmal das Beispiel von Zitaten und ihrer Quelle aus Abschnitt 2.4. Anstatt die Kommandos `\penalty 10000 \hskip 0pt plus 1filll {\it <Quelle>}\par}` bei jeder Quelle neu einzugeben, kann man sich mit

```
\def\Quelle #1{\penalty 10000 \hskip 0pt plus 1filll
{\it #1}\par}
```

ein Makro `\Quelle` zusammensetzen und nun beispielsweise die Quelle *Marshall Lee* mit dem Kommando `\Quelle{Marshall Lee}` erzeugen. Die Angaben in geschweiften Klammern sind ein Argument für das Makro `\Quelle`. In der Definition von `\Quelle` stehen die Zeichen `#1` für das Argument.

Das Beispiel zeigt, daß man den Makromechanismus von TEX benutzen kann, um sich zur Formatierung logischer Texteinheiten logisch orientierte Kommandos zusammenzusetzen. LATEX ist ein Paket solcher logisch orientierten TEX-Makros, das von Lamport erstellt wurde. LATEX kennt die Dokumententypen *article*, *report*, *book* und *letter* und hält für die gängigen darin vorkommenden Elemente vorgefertigte Kommandos bereit. Beispiele sind Titel und Autorenangaben, Inhaltsverzeichnisse, Überschriften verschiedenen Grades, Hervorhebungen, Listen und Aufzählungen, Zitate, Gedichte, Fußnoten, Tabellen und Figuren, mathematische Formeln,

Literaturverzeichnisse, Adressen, Absender, Anreden, Grußformeln und vieles mehr. Die folgende Liste, die nach [Lee79] die typographischen Parameter enthält, die die Lesbarkeit einer Seite beeinflussen,

1. typeface

2. size of type

3. length of line

4. leading

5. page pattern (which includes margins)

6. contrast of type and paper (which includes color)

7. texture of paper

8. typographic relationship (heads, folios, etc.)

9. suitability to content

läßt sich in LaTeX sehr einfach mit den folgenden Kommandos erzeugen:

```
\begin{enumerate}
\item typeface  \item size of type
\item length of line
\item leading
\item page pattern (which includes margins)
\item contrast of type and paper
      (which includes color)
\item texture of paper
\item typographic relationship (heads, folios, etc.)
\item suitability to content
\end{enumerate}
```

LaTeX überprüft zwar einige syntaktische Grundregeln wie die richtige Paarung von `\begin`- und `\end`-Konstrukten, verläßt sich aber bei der Kombination der logischen Elemente im wesentlichen auf die Vernunft des Autors. Was LaTeX angeht, so ist ein Artikel, der mit einer Überschrift dritten Grades beginnt, durchaus akzeptabel, wenn der Autor es so wünscht.

Viele Autoren verwenden heute LaTeX anstelle von TeX. LaTeX ist relativ leicht zu erlernen und deckt viele im Universitätsbereich gängigen Textstrukturen ab. Schwierig wird es mit LaTeX, wenn die vorhandenen Strukturelemente ergänzt werden müssen oder wenn subtilere Änderungen an den Standardformaten vorgenommen werden sollen.

Quellen

Das originale Handbuch zu LaTeX ist [Lam86]. Inzwischen liegt mit [Kop88] auch eine ausführliche deutsche Einführung vor. Als Kurzreferenz ist [Won87] sehr gut geeignet. Mittlerweile steht bei den meisten deutschen LaTeX-Installationen auch [PSH87] zur Verfügung. [PSH87] ist die ideale Kurzeinführung in LaTeX für Einsteiger. Eine genauere Analyse von Möglichkeiten und Problemen der Formatänderungen mit LaTeX findet sich in [Bru87a].

6.5 Interaktion

In diesem Abschnitt wollen wir herausarbeiten, nach welchen Prinzipien die **Interaktion** zwischen Benutzer und Textverarbeitungssystem ablaufen kann. Es geht also um die Sprache oder die Art und Weise, in der der Benutzer mit dem System kommuniziert und umgekehrt. Gegenstand der Kommunikation können der reine Text und die Struktur eines Dokuments sowie Dokumente als Ganzes sein.

Wir wollen die Untersuchungen auf drei Bereiche beschränken, nämlich auf die Darstellung von Dokumenten am Bildschirm, auf Operationen und auf Systemreaktionen. Beginnen wir mit den Darstellungsformen von Dokumenten am Bildschirm.

6.5.1   Darstellung von Dokumenten

Im letzten Abschnitt haben wir gesehen, daß die Struktur von Dokumenten direkt oder indirekt durch Markup spezifiziert wird. Man kann drei Arten unterscheiden, wie dieses Markup auf dem Bildschirm repräsentiert werden kann, wie also das Textverarbeitungssystem die vom Benutzer eingegebenen Auszeichnungen darstellt, nämlich **pseudoverbal**, **indirekt** oder **symbolisch**. Bei pseudoverbaler Darstellung wird das Markup als Text dargestellt, der durch syntaktische Vereinbarungen wie beispielsweise einen Escape Character vom inhaltlichen Text unterschieden werden kann. In einer Eingabedatei für TEX wird das Auszeichnungsmaterial pseudoverbal dargestellt. Bei der TEX-Auszeichnung `\footnote{...}` etwa besagen die syntaktischen Regeln, daß der Backslash ein TEX-Kommando einleitet, das aus den nachfolgenden Klein- und Großbuchstaben, also dem Wort `footnote`, besteht, und daß das darauf folgende Klammerpaar aus { und } nicht zum Inhalt, sondern zum Markup gehört und den Fußnotentext begrenzt. Ähnlich wird bei einem SGML-Dokument das Markup dadurch vom reinen Text abgesetzt, daß es in spitze Klammern gefaßt wird.

Bei Systemen, in denen die Auszeichnungselemente pseudoverbal dargestellt sind, sind die Dokumente in der Regel am Bildschirm nicht gut zu lesen, da ihre Darstellungsform sich sehr von den gewohnten Papierausdrucken unterscheidet. Sie kommen jedoch, da sie nur Text darstellen müssen, mit einfachen Bildschirmen aus.

Systeme dieser Art unterscheiden normalerweise beim Eingeben und Verändern eines Dokuments gar nicht zwischen Markup und Text, sondern behandeln alle Zeichen gleich. Erst beim Formatieren wird die Sonderbedeutung beispielsweise eines Escape Characters erkannt. Das bedeutet jedoch, daß beim Editieren strukturierte Objekte nicht als Einheit ansprechbar sind, sondern als normale Zeichenketten behandelt werden. Man kann also nicht mit einem einzigen Befehl ein Objekt *Fußnote* löschen, sondern man löscht die Zeichenkette `\footnote{...}`. Vergißt man dabei etwa den einleitenden Backslash oder die schließende Klammer, was erfahrungsgemäß leicht vorkommt, so ist man schon in einem fehlerhaften Zustand, der vielleicht erst viel später beim Formatieren auffällt und eine unter Umständen langwierige Fehlersuche erforderlich macht.

Die zweite Möglichkeit, Markup am Bildschirm darzustellen, ist indirekt, d.h. durch seine Auswirkung auf die Formatierung am Bildschirm. Bei dieser Darstellungsform wird Markup, sobald es eingegeben ist, vom System sofort interpretiert. Es ist dann nur noch in seiner Auswirkung auf die Gestaltung des eigentlichen Textes sichtbar. Ein Auszeichnungskommando *Setze kursiv* erscheint dann nicht selbst als Kommando auf dem Bildschirm. Aber seine Wirkung besteht darin, daß die nachfolgend eingegebenen Buchstaben auch auf dem Bildschirm schon kursiv angezeigt werden. Diese Darstellungsart ist bei einer logisch orientierten Auszeichnungssprache ebenfalls anwendbar. In diesem Fall werden dann die einem logischen Auszeichnungselement in einer Formatdefinition zugewiesenen Formatierroutinen ausgeführt, und das Ergebnis erscheint auf dem Bildschirm. Systeme mit indirekter Markupdarstellung sind Word, WordPerfect und MacWrite.

Man kann Systeme nach dem Verhältnis zwischen Bildschirmdarstellung und Papierausdruck noch weiter klassifizieren. Einige

Systeme setzen sich zum Ziel, die Bildschirmdarstellung so weit wie
möglich an das gedruckte Dokument anzunähern. Für diese Systeme hat sich das Schlagwort **WYSIWYG**, what you see is what
you get, eingebürgert. Andere Systeme verzichten auf eine genaue
Abbildung des gedruckten Dokuments zugunsten spezieller Formatierrichtlinien für Bildschirme, um Dokumente am Bildschirm besser lesbar zu machen. Ventura Publisher beispielsweise stellt für die
Klassen der Antiquaschriften mit und ohne Serifen nur jeweils einen
Stellvertreter zur Verfügung. Am Bildschirm werden Änderungen
in der Schriftgröße und Wechsel zu einer kursiven oder fetten Variante innerhalb einer Schriftfamilie angezeigt, aber der Wechsel von
Times zu Palatino macht sich nicht auf dem Bildschirm, sondern
erst auf dem Drucker bemerkbar. Der Grund besteht natürlich
darin, daß bei der relativ groben Bildschirmauflösung feine Differenzierungen im Schriftschnitt sowieso nicht dargestellt werden
können und daß man statt dessen lieber einen für die Schriftklasse
typischen und gut lesbaren Vertreter verwendet.

Die dritte Methode der Markuprepräsentation, die man hauptsächlich bei logisch auszeichnenden Systemen findet, ist symbolisch.
Dabei ist das Markup auf dem Bildschirm durch spezielle Symbole
oder Markierungen repräsentiert, die sich vom laufenden Text deutlich unterscheiden. Bei Systemen, in denen logische Auszeichnungen nur auf Absatzebene möglich sind, wird oft vom Bildschirm ein
schmaler vertikaler Streifen abgeteilt, in dem neben den Absätzen
die zugehörigen Markierungen erscheinen. So wird beispielsweise
in Interleaf die Darstellung des logischen Markups gehandhabt.
In komplexeren Systemen, in denen logische Auszeichnungen geschachtelt werden können, ist eine solche Projektion der Markupposition auf den Rand nicht mehr eindeutig. Die von SoftQuads
Author/Editor gewählte Lösung besteht darin, jedes Markupelement mit einem Pfeil zu umrahmen, der bei einem Startelement

nach rechts und bei einem Stoppelement nach links zeigt und so
den ausgezeichneten Text symbolisch umklammert.

In einigen Systemen treten die Darstellungsformen für Markup gemischt auf. In Interleaf etwa wird logisches Markup symbolisch und graphisches Markup indirekt dargestellt. Andere Systeme können zwischen verschiedenen Darstellungsformen hin- und herschalten und bieten so verschiedene **Sichten** auf ein Dokument. Nimmt man wieder TeX als Beispiel, so stellen die TeX-Eingabedatei und das mit einem Previewprogramm auf dem Bildschirm dargestellte formatierte Ergebnis zwei verschiedene Sichten auf dasselbe Dokument dar, einmal mit pseudoverbalem und einmal mit indirektem Markup. Auch WordPerfect bietet neben der normalen WYSIWYG-Darstellung einen Modus an, in dem die Formatierkommandos im Klartext sichtbar sind.

Systeme, die verschiedene Sichten auf ein Dokument vorsehen, kann man dahingehend unterscheiden, ob man verschiedene Sichten gleichzeitig auf dem Bildschirm haben kann oder ob man sie nur nacheinander abrufen kann. Bei den meisten TeX-Installationen auf Personal Computern kann man Eingabedatei und formatiertes Dokument nur nacheinander anschauen. Erlaubt es ein System jedoch, mehrere Programme gleichzeitig ablaufen zu lassen, sind parallele Sichten auf beide Darstellungsformen möglich. Leider ist aber auch dann nur eine Sicht editierbar. Text und Format lassen sich nur in der Eingabedatei, nicht aber in der formatierten Version ändern. Umgekehrt kann man in WordPerfect in der Kommandosicht zwar nach Formatierkommandos suchen, ändern kann man sie jedoch nur in der normalen WYSIWYG-Sicht. Einen Fortschritt stellt da das System VorTeX, visual oriented TeX, dar, das an der Universität von Berkeley in Kalifornien entwickelt wird. Dieses auf TeX aufbauende System erlaubt parallele Sichten mit wahlweise expliziter, symbolischer oder indirekter Markupdarstellung, die alle editierbar sind, wobei Änderungen, die an einem Dokument in einer der Sichten vorgenommen werden, sofort auch in den anderen Sichten ausgeführt werden.

Ein anderer Aspekt von Sichten bezieht sich auf die Darstellungsform und Auswahl des reinen Textes. Ein Dokument kann beispielsweise in Form einer Druckfahne dargestellt werden, mit fertigem Zeilenumbruch, aber ohne Seitenumbruch, oder als Seitenansicht komplett mit laufenden Kopf- und Fußzeilen. In Word beispielsweise wird ein Dokument normalerweise als Endlostext in Form einer Druckfahne angeboten. Eine spezielle Seitenansicht ist ebenfalls abrufbar. In dieser Sicht ist der Text jedoch nicht editierbar. Sie dient im wesentlichen nur der Plazierung der Seitenzahl und der allgemeinen Übersicht.

Es kann auch vorkommen, daß eine Sicht nur ausgewählte Textauszüge enthält, beispielsweise eine Gliederungssicht, in der zum Zwecke der leichteren Orientierung nur die Überschriften dargestellt werden. Eine solche sogenannte **Outlinesicht** wird ebenfalls von Word angeboten.

Grif, ein weiteres auf TEX basierendes System, das bei INRIA-IMAG in Grenoble entwickelt wird, ermöglicht es dem Benutzer, durch Auswahl logischer Elemente eigene Sichten auf ein Dokument zu definieren, die parallel sichtbar und editierbar sind. Eine Sicht kann z.B. alle Überschriften bis zum Grad 3 enthalten, eine zweite alle in einem Dokument auftretenden Formeln, eine dritte das Literaturverzeichnis und eine vierte das gesamte Dokument.

6.5.2 Operationen

Als nächsten Aspekt der Systeminteraktion wollen wir die Eingabe von Befehlen an ein Textverarbeitungssystem zur Durchführung von **Operationen** betrachten.

Operationen umfassen Positionierungsbefehle (*Gehe zum Anfang des nächsten Kapitels*), Befehle zum Erstellen und Ändern des Dokuments (*Lösche die nächsten drei Wörter*) oder Befehle zur Dokumentenverwaltung (*Lege eine Sicherungskopie des Dokuments an*). Sie können sich auf das gesamte Dokument, seine Struktur oder seinen Text beziehen.

Operationen folgen in der Regel dem folgenden Schema:

- Auswahl des Objekts oder Objektbereichs, auf das sich die Operation bezieht,

- Auswahl des Kommandos, das ausgeführt werden soll,

- eventuell notwendige Modifikation des Kommandos und

- eventuell notwendige Auswahl eines Zielobjekts.

Soll beispielsweise in einem Kapitel durchgängig das Wort *Autor* durch *Autorin* ersetzt werden, so muß zunächst das betreffende Kapitel als Objektbereich angegeben werden. Anschließend muß das Kommando *Suchen/Ersetzen* aktiviert werden. Als Modifikation werden das zu ersetzende Wort *Autor* und das ersetzende Wort *Autorin* spezifiziert. Als weitere Modifikation soll bestimmt werden, daß alle Vorkommen von *Autor* und nicht nur das erste ersetzt werden sollen.

Soll dagegen ein Absatz an eine andere Stelle verschoben werden, so wird der betreffende Absatz als Objekt der Operation gekennzeichnet, der Befehl *Verschieben* wird aktiviert, und die Zielposition wird angegeben.

Auch das Drücken einer Taste bei der Texteingabe kann man als Einfügeoperation in diesem Sinne verstehen. Das Objekt, an dem eine Einfügung vorgenommen wird, ist implizit durch die aktuelle Schreibposition gegeben, und das Drücken einer Taste X entspricht dem Befehl, den Buchstaben X einzufügen.

Zur Auswahl von Objekten und Kommandos und ihrer Modifikation stehen nun je nach System verschiedene Mechanismen zur Verfügung. Die Auswahl eines Objekts geschieht entweder durch die verbale Beschreibung des Objekttyps und seiner Position oder mit Hilfe von Zeigermechanismen. In den ersten Editoren wurden beispielsweise Zeilen und Spalten durchnumeriert, und die gewünschten Positionen in einem Text wurden durch Angabe einer Zeilen- und eventuell einer Spaltennummer angegeben. In dem UNIX-Editor vi etwa kann man die nächsten drei Wörter, von der aktuellen Position aus gerechnet, durch die Beschreibung *3w* ansprechen. Bei der Verwendung eines Zeigermechanismus wird das aktuell ausgewählte Objekt durch eine spezielle Markierung sichtbar gemacht. Diese Markierung läßt sich dann beispielsweise mit Hilfe von vier **Cursortasten**, die mit Pfeilen in die vier Himmelsrichtungen gekennzeichnet sind, in dem Dokument nach oben oder unten, rechts oder links bewegen. Eine Alternative ist die sogenannte **Maus**. Mit der (mechanischen) Maus rollt man eine kleine Kugel in beliebiger Richtung über die Schreibtischoberfläche, und die Markierung auf dem Bildschirm folgt dieser Bewegung. Bewegungen mit der Maus sind dabei schneller als Bewegungen mit Hilfe von Cursortasten. Markierungen mit dem Finger auf sogenannten Touchscreens haben sich aus ergonomischen Gründen nicht durchgesetzt. Dedizierte Textverarbeitungssysteme erlauben heute in der Regel die Auswahl von Objekten mit Maus oder Cursortasten.

Bei der Auswahl von Kommandos gibt es ebenfalls verschiedene Möglichkeiten. Die älteste besteht darin, den Namen des Kommandos über die Tastatur einzutippen. Dazu muß das System vorher in einen speziellen Kommandomodus gebracht werden, damit die eingetippten Buchstaben als Kommando und nicht als Texteingabe verstanden werden. Diese Methode ist meistens mit Objektauswahl durch verbale Positionierung gekoppelt. In dem Editor vi heißt beispielsweise das Kommando zum Löschen *d* (delete), und die Operation *Lösche die nächsten drei Wörter* kann demzufolge durch Eingabe von *d3w* ausgeführt werden.

Eine andere Methode ordnet die Kommandos speziellen Tasten, sogenannten **Funktionstasten**, auf der Tastatur zu. Diese Möglichkeit ist z.B. typisch für WordPerfect. In einem solchen System gibt es Tasten zum Löschen, Einfügen, Fettdruck, Speichern usw. Da eine normale Tastatur höchstens über 12 Funktionstasten verfügt, zur Textverarbeitung aber wesentlich mehr Kommandos zur Verfügung stehen müssen, sind die Funktionstasten mehrfach belegt. Man kann dann die verschiedenen Belegungen aufrufen, indem man zusätzlich zur Funktionstaste noch eine weitere modifizierende Taste drückt, in der Regel die Umschalttaste oder eine spezielle Kontrolltaste. Auf die gleiche Weise sind ja auch die meisten normalen Tasten zweifach belegt, nämlich mit einem Kleinbuchstaben und, aufrufbar durch zusätzliches Drücken der Umschalttaste, dem zugehörigen Großbuchstaben.

In einem dritten Ansatz werden zur Kommandoauswahl Menüs eingesetzt. Die Kommandos werden in Funktionsgruppen eingeteilt, etwa Kommandos zur Schriftwahl, zum Editieren von reinem Text oder zur Dokumentenverwaltung, und für jede Funktionsgruppe erscheint in einem besonderen Bildschirmbereich ein Kästchen mit ihrem Namen. Nach Auswählen eines dieser Kästchen, beispielsweise mit Hilfe einer Maus, erscheint eine Liste mit den zugehörigen Kommandos, von denen eins, etwa wieder durch Auswahl mit der Maus, aktiviert werden kann.

Manche Befehle lassen sich auch durch Ausführen eines symbolischen Vorgangs spezifizieren. Will man etwa in Word auf dem Macintosh für einen Absatz den linken und den rechten Rand setzen, so kann man sich auf dem Bildschirm ein Lineal anzeigen lassen, das u.a. Markierungen in Pfeilform für den linken und den rechten

Rand enthält. Mit Hilfe der Maus kann man diese Markierungen auf dem Lineal hin- und herschieben und so die Randposition des Absatzes verändern.

Modifikationen von Befehlen können, ebenso wie Objekte und Befehle, verbal eingegeben werden. Die andere Möglichkeit ist, daß man, nachdem man einen Befehl eingegeben hat, ein **Formular** angeboten bekommt, in dem man die für die Modifikation notwendigen Angaben ausfüllen kann.

Je nach Auswahlmethode von Objekten und Befehlen können Operationen **direkt** oder **abstrakt** sein. Direkte Operationen beruhen darauf, daß Objekte symbolisch dargestellt werden oder auf dem Bildschirm als ein natürliches Abbild des realen Objekts erscheinen. Die Auswahl der Objekte erfolgt mit einem Zeigermechanismus, und Kommandos werden symbolisch ausgeführt oder über Menüs ausgewählt. Das Paradebeispiel einer direkten Operation ist das Löschen eines Dokuments auf einem Macintosh-Rechner. Auf dem Bildschirm werden Dokumente durch Bilder von beschriebenen Papierblättern dargestellt, die jeweils mit dem Namen des Dokuments beschriftet sind. Außerdem ist das Bild eines Papierkorbs sichtbar. Ein Dokument wird nun gelöscht, indem es mit Hilfe der Maus auf den Papierkorb zubewegt wird, bis es darin verschwunden ist. Während der Operation wird der Weg des Dokuments auf den Papierkorb zu nachgezeichnet. Ist das Dokument gelöscht, so verschwindet auch das zugehörige Symbol auf dem Bildschirm, und der Papierkorb, der jetzt gefüllt ist, bläht sich auf.

Systeme mit direkten Operationen sind intuitiv verständlich und somit relativ leicht erlernbar, und ihre Bedienung macht Spaß. Die Auswahlmöglichkeiten für Objekte sind jedoch begrenzt, und da jede Operation mit physischen Aktionen verbunden ist, kann eine größere Zahl gleichartiger Vorgänge sehr ermüdend sein.

Bei abstrakten Operationen werden Objekte und Kommandos

verbal beschrieben. Systeme mit abstrakten Operationen sehen in der Regel mächtige Sprachmittel zur Bestimmung von Objekten vor. Sie sind jedoch schwerer zu erlernen und fehleranfälliger als Systeme mit direkten Operationen. Eine einzelne Fußnote zu löschen ist mit einer direkten Operation sicherlich leichter als mit einer abstrakten. In einem langen Dokument alle Fußnoten zu löschen, in denen das Wort *Warenzeichen* vorkommt, ist jedoch mit direkten Operationen nur durch eine langwierige Abfolge von Such- und Löschbefehlen möglich. Dieselbe Aufgabe kann in einem System mit abstrakten Operationen möglicherweise mit einer einzigen Operation erledigt werden.

Im Laufe der Zeit sind jedoch auch Systeme mit direkten Operationen immer mächtiger geworden. Ihre Grenzen liegen weniger in dem Prinzip der direkten Operation als in der Kreativität ihrer Entwickler.

6.5.3   Systemreaktion

Als letzten Aspekt der Interaktion zwischen Benutzer und System wollen wir uns noch mit der **zeitlichen Reaktion** von Systemen auf Kommandos beschäftigen. Hier unterscheidet man zwischen **interaktiven Systemen**, in denen jedes einzelne Kommando sofort ausgeführt und das Ergebnis dem Benutzer sichtbar gemacht wird, und **batch-orientierten** Systemen, in denen alle Befehle gesammelt und erst auf einen besonderen Befehl hin ausgeführt werden.

Das Editieren von reinem Text geschieht heute in der Regel interaktiv. Die Unterscheidung zwischen interaktiven und batch-orientierten Systemen bezieht sich deshalb hauptsächlich auf das Ausführen der Formatierbefehle. TeX ist ein typisches batch-orientiertes System, während Word, WordPerfect und MacWrite interaktiv sind. Word hat jedoch auch batch-orientierte Aspekte. Da

Word normalerweise nur die Sicht einer Druckfahne bietet und der
Seitenumbruch erst beim Drucken oder auf einen besonderen Befehl
hin erfolgt, wirken sich auch Befehle, die die Seitenhöhe oder laufende Kopf- und Fußzeilen betreffen, erst mit zeitlicher Verzögerung
aus. Auch Silbentrennungen werden bei Word erst auf ein explizites
Kommando hin durchgeführt, so daß Word auch in diesem Aspekt
einem batch-orientierten System nahesteht.

Wir haben in diesem Abschnitt Textverarbeitungssysteme im
Bereich der Interaktion zwischen Benutzer und System nach Kriterien der Repräsentation der Dokumente auf dem Bildschirm, der
Spezifikation von Operationen und der Systemreaktion klassifiziert.
Die Klassifikation hängt dabei in der Regel auch noch von den Auf-
gabenbereichen ab. So sind zum Beispiel bei den meisten $\TeX$-
Installationen Operationen, die sich auf reinen Text beziehen, direkt, und die Systeme verhalten sich unter diesem Aspekt interaktiv. Operationen, die sich auf die Formatierung beziehen, sind
jedoch abstrakt, und die Systeme sind in diesem Punkt als batch-
orientiert einzuordnen.

Es lassen sich auch nicht alle Merkmale aus allen drei Bereichen beliebig kombinieren. So wird es wohl kaum Systeme mit
direkten Operationen in bezug auf die Manipulation von Strukturen und gleichzeitiger pseudoverbaler Markupdarstellung geben.
Ebenso wird ein in bezug auf die Formatierung interaktives System
normalerweise keine pseudoverbale Markupdarstellung aufweisen.

Quellen

Die beiden wichtigsten Arbeiten zur Klassifikationen von Systemen
aus Benutzersicht sind [Shn83] und [CH88]. In [Shn83] wird der
Begriff der direkten Manipulation (hier: direkte Operation) eingeführt. [CH88] enthält eine ausführliche Beschreibung und Einord-

nung des Systems VorT$_E$X. Die Technik der verschiedenen Sichten am Beispiel von Grif wird in [QV87] dargestellt.

Literaturverzeichnis

[ACM88]   Communications of the ACM. July 1988.

[Ado85]   Adobe Systems Incorporated. *PostScript Language Tutorial and Cookbook*. Addison-Wesley, Reading, Massachusetts, 1985.

[App88]   Wolfgang Appelt. $\TeX$ *für Fortgeschrittene*. Addison-Wesley, Reading, Massachusetts, 1988.

[BB88]   Deborah Beacham and Walton Beacham. *WordPerfect*. Addison-Wesley, Reading, Massachusetts, 1988.

[BDH86]   Anne Brüggemann-Klein, Peter Dolland, and Alois Heinz. How to please authors and publishers: A versatile document preparation system at Karlsruhe. In Jacques Désarménien, editor, $\TeX$ *for Scientific Documentation*, pages 8–31, Springer, Berlin, 1986. Proceedings of the Second European Conference, Strasbourg, France, June 1986.

[Bea85]   Richard J. Beach. *Setting Tables and Illustrations with Style*. Technical Report CS-85-45, Department of Computer Science, University of Waterloo, May 1985.

[Ber88]   Berthold types. Volumes 1–4. Berthold, Berlin, 1988.

[Big86]　Charles Bigelow. Notes on typeface protection. *TUGboat*, 7(3):146–151, October 1986.

[BK88]　J. L. Bentley and Brian W. Kernighan. Tools for printing indexes. *Electronic Publishing—Origination, Dissemination and Design*, 1(1):3–17, April 1988.

[Bro88]　Peter J. Brown. Linking and searching within hypertext. *Electronic Publishing—Origination, Dissemination and Design*, 1(1):45–53, April 1988.

[Bru87a]　Anne Brüggemann-Klein. *Document Design with HiTeX: A Step Beyond LaTeX*. Interner Bericht 2, Institut für Informatik, Universität Freiburg, 1987.

[Bru87b]　Anne Brüggemann-Klein. First line special handling with TeX. *TUGboat*, 8(2):193–197, July 1987.

[Bru87c]　Anne Brüggemann-Klein. Über die Entwicklung eines TeX-Treibers für Lichtsetzanlagen. *Offset Praxis*, 29(3):38–47, March 1987.

[CdVS86]　D. D. Cowan and G. de V. Smit. Document editing with batch document formatting. In J. C. van Vliet, editor, *Text Processing and Document Manipulation*, pages 140–153, Cambridge University Press, Cambridge, 1986. Proceedings of the International Conference, University of Nottingham, April 14–16, 1986.

[CH87]　Pehong Chen and Michael A. Harrison. *Multiple Representation Document Development*. Technical Report UCP/CSD 87/367, Computer Science

Division (EECS), University of California, Berkeley,
July 1987.

[CH88]   Pehong Chen and Michael A. Harrison. Multiple
           representation document development.
           IEEE Computer, 15–31, January 1988.

[Chi82]   The Chicago manual of style. The University of
           Chicago Press, Chicago, 1982.

[CHP88]   Donald D. Chamberlin, Helmut F. Hasselmeier, and
           Dieter P. Paris. Defining document styles for
           WYSIWYG processing. In J. C. van Vliet, editor,
           Document Manipulation and Typography,
           pages 121–137, Cambridge University Press,
           Cambridge, 1988. Proceedings of the International
           Conference on Electronic Publishing, Document
           Manipulation and Typography, Nice, France,
           April 20–22, 1988.

[Col87]   John S. Collins. Digital type fonts for text processing
           systems. In J. J. H. Miller, editor, *Protext IV*,
           pages 1–6, Boole Press, Dublin, 1987. Proceedings of
           the Fourth International Conference on Text Processing
           Systems, October 20–22, 1987, Boston, USA.

[Con87]   Jeff Conklin. Hypertext: An introduction and survey.
           IEEE Computer, 17–41, September 1987.

[DEG*88]   Peter Dyson, Stephen Edwards, David Gertler,
           Jonathan Seybold, and Andrew Tribute. Postscript
           wars: New products, new controversy. *Seybold Report
           on Desktop Publishing*, 3(2):17–50, October 1988.

[Des85]   Jacques Désarmémien. The use of TeX in French: Hyphenation and typography. In Dario Lucarella, editor, *TeX for Scientific Documentation*, pages 41–59, Addison-Wesley, Reading, Massachusetts, 1985. Proceedings of the First European Conference on TeX for Scientific Documentation, May 16–17, 1985, Como, Italy.

[DIN64]   DIN 16 518: Klassifikation der Schriften. Fachnormenausschuß Graphisches Gewerbe im Deutschen Normenausschuß, August 1964.

[DK71]   Sepp Dußler and Fritz Kolling. *Moderne Setzerei.* Verlag Dokumentation, München, second edition, 1971.

[Dud80]   Duden. *Satz- und Korrekturanweisungen: Richtlinien für die Texterfassung.* Bibliographisches Institut, Mannheim, 1980.

[Dud86]   Duden. *Rechtschreibung der deutschen Sprache und der Fremdwörter.* Volume 1 of *Duden*, Dudenverlag, Mannheim, 19 edition, 1986.

[Dur88]   Eric Durbrow. Computer literacy. *Personal Publishing*, 53–63, August 1988.

[Fau85]   Carl Faulmann. *Das Buch der Schrift, enthaltend die Schriftzeichen und Alphabete aller Zeiten und aller Völker des Erdkreises.* Franz Greno, Nördlingen, 1985.

[FN87]   James Felici and Ted Nace. *Desktop Publishing Skills: A Primer for Typesetting with Computers and Laser Printers.* Addison-Wesley, Reading, Massachusetts, 1987.

[FP88]   Ulrich Flasche and G. Dario Posada-Medrano.
Typographisches Gestalten mit Ventura Publisher.
Addison-Wesley, Reading, Massachusetts, 1988.

[FQA88] Richard Furuta, Vincent Quint, and Jacques André.
Interactively editing structured documents. *Electronic
Publishing—Origination, Dissemination and Design,*
1(1):19–44, April 1988.

[Fru79] Adrian Frutiger. *Die Zeichen der Sprachfixierung.*
Volume 2 of *Der Mensch und seine Zeichen,*
Horst Heiderhoff Verlag, Echzell, 1979.
Textbearbeitung von Horst Heiderhoff.

[Fuc81] David Fuchs. TeX font metric files. *TUGboat,*
2(1):12–16, February 1981.

[Fuc82] David Fuchs. The format of TeX's DVI files. *TUGboat,*
3(2):14–19, October 1982.

[Gol81] Charles F. Goldfarb. A generalized approach to
document markup. *SIGPLAN Notices of the ACM,*
June 1981.

[Hoe88] Alan Hoenig. Line by line with TeX. In
Malcolm Clark, editor, *Proceedings of the Third
European TeX-Conference, July 18–20, 1988, Exeter,
England,* 1988. To appear.

[HR87]   Michael Helmich and Rainer Rupprecht.
Technisch-wissenschaftliche Textverarbeitung auf PC's.
Computer Anwendungen Karlsruhe (CAK), 77–84,
September 1987.

[IBC88]   Rolf Ingold, Rene-Pierre Bonvin, and Giovanni Coray.
          Structure recognition of printed documents. In
          J. C. van Vliet, editor, *Document Manipulation and
          Typography*, pages 59–70, Cambridge University Press,
          Cambridge, 1988. Proceedings of the International
          Conference on Electronic Publishing, Document
          Manipulation and Typography, Nice, France,
          April 20–22, 1988.

[ISO86]   ISO 8879. Information processing—text and office
          systems—standard generalized markup
          language (SGML). October 1986. International
          Organization for Standardization.

[JB88]   Jeff Johnson and Richard J. Beach. Styles in document
          editing systems. *IEEE Computer*, 32–43, January 1988.

[Kap87]   Albert Kapr. *Johannes Gutenberg: Persönlichkeit und
          Leistung*. C. H. Beck, München, 1987.

[Kis88]   Joost Kist. *Elektronisches Publizieren: Übersicht,
          Grundlagen, Konzepte*. Raabe, Stuttgart, 1988.
          Bearbeitet und herausgegeben von Manfred Krüger.

[KL82]   Brian W. Kernighan and Michael E. Lesk.
          Unix document preparation. In Jurg Nievergelt,
          Giovanni Coray, Jean-Daniel Nicoud, and
          Alan C. Shaw, editors, *Document Preparation Systems*,
          pages 1–20, North Holland, Amsterdam, 1982.

[Kle81]   Heijo Klein. *DuMont's kleines Sachwörterbuch der
          Drucktechnik und grafischen Kunst*.
          DuMont Buchverlag, Köln, 1981.

[Knu81]   Donald E. Knuth. *Seminumerical Algorithms.* Volume 2 of *The Art of Computer Programming*, Addison-Wesley, Reading, Massachusetts, 2 edition, 1981.

[Knu86]   Donald E. Knuth. *The TEXbook.* Volume A of *Computers & Typesetting*, Addison-Wesley, Reading, Massachusetts, 1986.

[Kop88]   Helmut Kopka. LATEX*: Eine Einführung.* Addison-Wesley, Reading, Massachusetts, 1988.

[KP81]   Donald E. Knuth and Michael F. Plass. Breaking paragraphs into lines. *Software—Practice and Experience*, 11:1119–1184, 1981.

[Lam86]   Leslie Lamport. LATEX*: A Document Preparation System, User's Guide & Reference Manual.* Addison-Wesley, Reading, Massachusetts, 1986.

[Law71]   Alexander Lawson. *Printing Types: An Introduction.* Beacon Press, Boston, 1971.

[Lee79]   Marshall Lee. *Book Making: The Illustrated Guide to Design/Production/Editing.* R. R. Bowker Company, New York, 1979.

[Lia83]   Franklin Mark Liang. *Word Hy-phen-a-tion by Computer.* PhD thesis, Department of Computer Science, Stanford University, 1983.

[Lin88]   Linotype library: typeface handbook. Linotype AG, 1988.

[Lui86]   Philipp Luidl. Punkt, Punkt, Komma, Strich.
            Deutscher Drucker, July 1986.

[McS84]   James E. McSherry. *Computer Typesetting: A Guide
            for Authors, Editors and Publishers*. The Open-Door
            Press, Arlington, Virginia, 1984.

[Mor28]   Stanley Morison. *Typenformen der Vergangenheit und
            Neuzeit*. Demeter Verlag, Hellerau, 1928. Autorisierte
            Übersetzung von Dr. Hanna Kiel.

[Mor85]   Robert A. Morris. Is what you see enough to get?
            A description of the Interleaf publishing system. In
            J. J. H. Miller, editor, *Protext II*, pages 56–81,
            Boole Press, Dublin, 1985. Proceedings of the
            Second International Conference on Text Processing
            Systems, October 23–25, 1985, Dublin, Ireland.

[Mor86]   Robert A. Morris. The Interleaf user interface. In
            J. J. H. Miller, editor, *Protext III*, pages 20–29,
            Boole Press, Dublin, 1986. Proceedings of the
            Third International Conference on Text Processing
            Systems, October 22–24, 1986, Dublin, Ireland.

[MW81]   Monika Müller and Hans Peter Willberg.
            Schriften erkennen. Otto Maier Verlag, Ravensburg,
            1981.

[Phi80]   Arthur H. Phillips. *Handbook of Computer Aided
            Composition*. Marcel Dekker, Inc., New York, 1980.

[PK82]   Michael F. Plass and Donald E. Knuth. Choosing
            better line breaks. In Jurg Nievergelt, Giovanni Coray,
            Jean-Daniel Nicoud, and Alan C. Shaw, editors,

Document Preparation Systems, pages 221–242,
North Holland, Amsterdam, 1982.

[PSH87]   Hubert Partl, Elisabeth Schlegl, and Irene Hyma.
LaTeX-Kurzbeschreibung. Beilage zu deutschen
TeX-Installationen, Juni 1987.

[Qui84]   Vincent Quint. Interactive editing of mathematics. In
J. J. H. Miller, editor, *Protext I*, pages 55–68,
Boole Press, Dublin, 1984. Proceedings of the
First International Conference on Text Processing
Systems, October 24–26, 1984, Dublin, Ireland.

[QV87]   Vincent Quint and Irène Vatton. An abstract model for
interactive pictures. In H.-J. Bullinger and B. Shackel,
editors, *Human-Computer Interaction—Interact '87*,
pages 643–647, Elsevier Science Publishers B.V., 1987.

[QVB86]   Vincent Quint, Irène Vatton, and Hassan Bedor. Grif:
An interactive environment for TeX. In Jacques
Désarménien, editor, *TeX for Scientific
Documentation*, pages 145–158, Springer, Berlin, 1986.
Proceedings of the Second European Conference,
Strasbourg, France, June 1986.

[Ran87]   Robert Ransom. *Text and Document Processing in
Science and Technology*. Sigma Press, Wilmslow and
Halsted Press, New York, 1987.

[RBG*88]   Ulrich Riehm, Knud Böhle, Ingrid Gabel-Becker,
Manfred Loeben, and Bernd Wingert. *Elektronisches
Publizieren erfahren und befragen—vom Schreiber
zum Nutzer*. PEP-Arbeitsbericht 4,
Kernforschungszentrum Karlsruhe, Juli 1988.

[Rei80] Brian K. Reid. A high-level approach to computer document formatting. In *Conference Record of the Seventh Annual ACM Symposium on Principles of Programming Languages*, pages 24–30, January 1980.

[Ren39] Paul Renner. *Die Kunst der Typographie.* Frenzel & Engelbrecher „Gebrauchsgraphik" Verlag, Berlin, 1939.

[Ric78] Stanley Rice. *Book Design: Text Format Models.* R. R. Bowker Company, New York, 1978.

[Ric81] Stanley Rice. *CRT Typesetting Handbook.* Van Nostrand Reinhold Company, New York, 1981.

[Rog88] David F. Rogers. A page make-up challenge. *TUGboat*, 9(3):292–293, December 1988.

[Roh85] Johannes Röhrich. Fehlerlose automatische Silbentrennung in fachsprachlichen Texten. *Angewandte Informatik*, May 1985.

[Rok85] Tomas Rokicki. Packed (PK) font file format. *TUGboat*, 6(3):115–120, November 1985.

[Rot86] Steve Roth. Ventura: A new 1-2-3. *Personal Publishing*, 26–39, December 1986.

[RT88] Darrel R. Raymond and Frank Wm. Tompa. Hypertext and the new Oxford dictionary. *Communications of the ACM*, 31(7):871–879, July 1988.

[Rub88] Richard Rubinstein. *Digital Typography: An Introduction to Type and Composition for*

Computer System Design. Addison-Wesley, Reading, Massachusetts, 1988.

[Rud67] Emil Ruder. *Typographie.* Arthur Niggli, Teufen, 1967.

[Sal83] Barbara Salberg-Steinhardt. *Die Schrift: Geschichte, Gestaltung, Anwendung.* DuMont Buchverlag, Köln, 1983.

[Sch84] Bernd Schulze. German hyphenations and umlauts in TEX. *TUGboat,* 5(2):103–104, November 1984.

[Sch88] Norbert Schwarz. *Einführung in TEX.* Addison-Wesley, Reading, Massachusetts, second edition, 1988.

[SD87] John Seybold and Fritz Dressler. *Publishing from the Desktop.* Bantam Book, 1987.

[Sey84] John Seybold. *Digital Typesetting.* Seybold Publications, Media, Pennsylvania, 1984.

[Shn83] Ben Shneiderman. Direct manipulation: A step beyond programming languages. *IEEE Computer,* 57–69, August 1983.

[Sie87] Tony Siegman. Scientific book publishing using TEX. *TUGboat,* 8(1):8–11, April 1987.

[SL85] Erhardt D. Stiebner and Walter Leonhard. *Bruckmann's Handbuch der Schrift.* Bruckmann, München, 1985.

[Sou86] Richard Southall. Designing a new typeface with METAFONT. In Jacques Désarménien, editor, *TEX for Scientific Documentation,* pages 161–179,

Springer, Berlin, 1986. Proceedings of the
Second European Conference, Strasbourg, France,
June 1986.

[Sou89]   Richard Southall. Interfaces between the designer and
the document. In Jacques André, editor, *Structure
de/for Documents*, 1989. Proceedings of the conference
on Structure for Documents, January 19–23, 1987,
Aussois, France. To appear.

[Spi86]   Michael D. Spivak. *The Joy of TEX: A Gourmet Guide
to Typesetting with the AMS-TEX Macro Package.*
Addison-Wesley, Reading, Massachusetts, 1986.

[Swa79]   Ellen Swanson. *Mathematics into Type: Copy Editing
and Proofreading of Mathematics for Editorial
Assistants and Authors.*
American Mathematical Society, Providence,
Rhode Island, 1979.

[SZM85]   Erhardt D. Stiebner, Heribert Zahn, and Wilfried
Meusburger. *Drucktechnik heute.* Bruckmann,
München, 1985.

[Tsc65]   Jan Tschichold. *Meisterbuch der Schrift.*
Otto Maier Verlag, Ravensburg, 1965.

[Tsc75]   Jan Tschichold. *Ausgewählte Aufsätze über Fragen der
Gestalt des Buches und der Typographie.*
Birkhäuser Verlag, Basel, 1975.

[Vol88]   Peter Vollenweider. *PostScript: Konzeption,
Anwendung, Mischen von Text und Grafik.*
Carl Hanser, München, 1988.

[Wil88]   Daniel Will-Harris. It's about Times.
Personal Publishing, 84–90, August 1988.

[Win86]   Jörg Winckler. *Analyse und Implementierung von Silbentrennungsalgorithmen.* Master's thesis, Institut für Informatik II, Lehrstuhl für Programmstrukturen, Universität Karlsruhe, September 1986.

[Won87]   Reinhard Wonneberger. *Kompaktführer* LaTeX. Addison-Wesley, Reading, Massachusetts, 1987.

Index